食料農業の法と制度

元 農林水産省農林水産技術会議事務局研究総務官
渥美坂井法律事務所・外国法共同事業 弁護士

井上龍子［著］

一般社団法人 **金融財政事情研究会**

はじめに

　TPP（環太平洋パートナーシップ協定）その他の国際交渉に関連して、農業問題が取り上げられます。農業を成長産業とするための農政改革が進められています。また、いままで以上に世界を目指す農業食料ビジネスが増えています。

　食は、健康と並んで、マスメディアやインターネット上で、取り上げられることの多いトピックです。とはいえ、農業、食については、断片的な部分が取り上げられることも多く、主義主張は聞くものの、食料農業関連制度の全体をわかりやすく説明した本がないとの声を、農協や農業者と接点のできた弁護士やマスコミ関係者などから聞くことがありました。

　さらに、もう何年も前になりますが、友人の行政法学者が、日本の優れた行政システムと行政改革について、途上国を中心とする国際社会に知ってもらうため、英語による本を編纂するとのことで、農政部分の分担執筆を依頼されました。苦労しながら、英語での執筆を終えて、ふと思ったのです。日本の国民は、日本のシステム、とりわけ、農業、食について知っているだろうかと。

　インターネット社会であり、さまざまな情報が公開されていますが、各分野が専門化、細分化し、情報の全体像を読み解くことは意外にむずかしいものです。

　家族経営に依存した日本の伝統的な農業は大きな転換点を迎えています。企業的な農業経営とそこで働く従業員としての農業従事者という形態も増えつつあります。新規に農業関連ビジネスに携わる

企業も増えています。食料ビジネスに携わる企業人にとって、国際的な枠組みへの理解は欠かせません。また、食を通じて、最先端の農業技術に関心をもつ消費者も増えています。

　そうした方々に、ぜひ、農業と食料に関する法制度の全体像を理解していただきたいというのが、この本の趣旨です。

　なぜ、タイトルが「食料農業」なのかといえば、農業は、国民に食料等を供給する産業であり、食は生命を維持するための基本だからです。農業だけでなく、食料の視点から考えたいということです。

　食料農業の法制度について、どのような体系で整理し、どこまでカバーするか等、異論もあると思います。また、全ての分野に通じているわけではないことによる限界もあります。国内外とも、データの更新、政策の見直しが日々進展しており、全ての動きをカバーはできていないことと思います。誤りのご指摘等には、謙虚に耳を傾けることといたします。

　　平成30年6月

井上　龍子

略語一覧

○条約・協定・議定書

GATT	関税及び貿易に関する一般協定
WTO協定	WTO設立協定及びその付属協定
TPP	環太平洋パートナーシップ協定
TBT協定	貿易の技術的障害に関する協定 （WTO協定の一部）
SPS協定	衛生植物検疫措置の適用に関する協定 （WTO協定の一部）
TRIPs協定	知的所有権の貿易関連の側面に関する協定 （WTO協定の一部）
UPOV条約	植物の新品種の保護に関する国際条約
食料農業遺伝資源条約	食料及び農業のための植物遺伝資源に関する国際条約
生物多様性条約	生物の多様性に関する条約
カルタヘナ議定書	生物の多様性に関する条約のバイオセーフティに関するカルタヘナ議定書
名古屋議定書	生物の多様性に関する条約の遺伝資源の取得の機会及びその利用から生じる利益の公正かつ衡平な配分に関する名古屋議定書
名古屋クアラルンプール議定書	バイオセーフティに関するカルタヘナ議定書の責任及び救済に関する名古屋クアラルンプール議定書

○法　律

農業基盤法	農業経営基盤強化促進法
特区法	構造改革特別区域法
農委法	農業委員会等に関する法律
国土法	国土利用計画法

都計法	都市計画法
農振法	農業振興地域の整備に関する法律
農協法	農業協同組合法
農災法	農業災害補償法
食管法	食糧管理法
食糧法	主要食糧の需給及び価格の安定に関する法律
関税暫措法	関税暫定措置法
米トレサ法	米穀等の取引等に係る情報の記録及び産地情報の伝達に関する法律
酪肉振興法	酪農及び肉用牛生産の振興に関する法律
畜産物価格安定法	畜産物の価格安定に関する法律
肉用子牛特措法	肉用子牛生産安定等特別措置法
加工原料乳不足払法	加工原料乳生産者補給金等暫定措置法
畜産経営安定法	畜産経営の安定に関する法律
TPP関係法律整備法	環太平洋パートナーシップ協定の締結に伴う関係法律の整備に関する法律
砂糖でん粉価格調整法	砂糖及びでん粉の価格調整に関する法律
担い手経営安定法	農業の担い手に対する経営安定のための交付金の交付に関する法律
JAS法	日本農林規格等に関する法律
BSE特措法	牛海綿状脳症対策特別措置法
医薬品等法	医薬品、医療機器等の品質、有効性及び安全性の確保等に関する法律
飼料安全法	飼料の安全性の確保及び品質の改善に関する法律
地理的表示法	特定農林水産物等の名称の保護に関する法律
カルタヘナ法	遺伝子組換え生物等の使用等の規制による生物の多様性の確保に関する法律

○国際機関

WTO	世界貿易機関

FAO	国連食糧農業機関
WHO	国連世界保健機関
OIE	国際獣疫事務局
OECD	経済協力開発機構
WIPO	世界知的所有権機関
IAEA	国際原子力機関
ISO	国際標準化機構
EU	欧州連合
WFP	国連世界食糧計画

○略　　語

UR	GATT多角的貿易交渉の一つであるウルグアイラウンド
DR	WTOドーハラウンド
EPA	経済連携協定
FTA	自由貿易協定
MA	ミニマムアクセス
GI	地理的表示
GAP	農業生産工程管理
HACCP	危害分析重要管理点（食品衛生管理システムの一つ）
IPM	総合的病害虫雑草管理
BSE	牛海綿状脳症
FAMIC	独立行政法人農林水産消費安全技術センター
COP	条約締約国会議
FDA	アメリカ食品医薬品局
GMO	遺伝子組換え体

目　　次

第1章　食料農業の現状と制度の土台

第4章 農産物生産過程の安全に関係する制度

第6章　農業食品の技術開発と知的財産権

明治以降の主要な農政関係年表

第 1 章

食料農業の現状と制度の土台

第1節　あらまし

　第1章は、食料農業の法制度の各論を理解するための基本を押さえる章です。食料農業の現状を概観するとともに、二つの基本法をみていきます。

　世界と日本の食料農業の現状がどうなのかは、いろいろな見方があり、すでに多くの出版物により分析が行われていますので、ここでは、深くは立ち入りません。食料を取り巻くリスクが減少することはないでしょうし、日本では限られた農地の有効活用が不可欠であること、日本の経済全般のなかで農政をとらえる必要があることなどには異論はないといえるでしょう。

　そうした現状をふまえたうえで、日本の食料農業分野の理念や基本方針が示されている基本法をみていきます。これは、食料農業分野の憲法ともいえる存在です。

　もちろん、法律で示された理念、基本方針は、実行されてこそ意味があるのですから、基本法に従い、政策を立て、制度を執行する体制も重要です。農林水産省、地方公共団体、独立行政法人の役割を、この章で概観します。

　いま、まさに、日本国憲法のあり方が議論されていますが、各分野の基本法についても、それが時代にあったものなのかどうかは、国民一人ひとりが常に意識することが重要であり、食料農業政策についても然りです。

◢◣ 1 世界と日本の食料事情

　食料は足りていますかと、日本で、いま問われたら、お金さえ出せば、問題はありませんという答えになるでしょう。世界を見渡しても、国際紛争、内乱、貧困等で、局所的な飢餓、栄養不足は依然存在していますが、全体でみた食料の総量に不足はないといわれています。

　前回の東京オリンピック（1964年）以降の約半世紀を世界の穀物価格で振り返ってみると、食料危機がいわれた1974年がピークでした。21世紀に入り、2006年以降上昇し、2008年にピークを迎え、いったん低下したものの、高水準を維持しています。

　最近の高止まりの原因としては、新興国の経済成長や人口増による穀物そのものの需要増、食肉需要を満たす飼料用穀物の需要増、バイオ燃料用の需要増、気象変動による供給減などがいわれています。また、穀物の価格上昇局面では、投機資金が商品市場の原油、金属だけでなく、穀物等食品にも入ったといわれています。

　これからどうなるのか。10年後を予測することは、経済、株価の予測と同様、専門家にとっても、むずかしい質問です。

　過去の趨勢からすれば、高価格水準での推移が見込まれます。加えて、主要農産物の輸出国は限られる一方、輸入国はさらに増加すると見込まれます。主要輸出国における自然災害や貿易を混乱させる手段の採用などでリスクが増えると予測されています。

　こうした世界の事情のなかに、日本も存在しています。日本の食料自給率は低下してきて、4割未満となっています。カロリーで考えて、毎日食べているものの約6割は外国からの輸入でまかなわれ

ているということです。世界の穀物価格が高騰すれば、より多くの金額を支出することになります。国全体でみれば、為替の状況にも左右されますが、食料の輸入代金が増える分を、工業製品輸出や投資でより稼がなければならないということです。

■ 2 日本の農業を取り巻く事情

　日本の農業は、アメリカ、オーストラリア等と比べるのはともかくとして、比較的条件の近いEU諸国と比べても、農地が少ないうえ、人口が多く、農家戸数も多いです。そして、食料自給率が低いのです。農地が少ないのは、もちろん、山が多い等の地理的な条件のためではあります。とはいえ、ただでさえ貴重な農地が細分化され、さらに、耕作が放棄されている農地が増えています。

　国内総生産に占める農林水産業総生産は約1パーセントの6兆2千億円、農林水産物輸入額は8兆5千億円。2兆円強の国費を使って、6兆2千億円を生産しています。農林水産省非公共予算は約1兆6千億円で、農林漁業者は約200万人です。

　農林水産業への助成は日本だけが行っているのではありません。先進国を含む世界中の国が、多かれ少なかれ、農林水産業に対して助成を行っています。それは、食料が国民の毎日の生活の基礎だからです。

　現在、日本では、国内総生産の2倍を超える長期債務残高、国債に頼る財政運営のために、国債費が歳出のかなりの部分を占め、政策的に使うことのできる金額は限定されます。いまの財政事情が続き、高齢化のための社会保障関係費が引き続き急増していくならば、農林水産業に使えるお金も限られるようになるかもしれませ

ん。国民の食料生産のために真に意味のあるお金の使い方をしなければなりません。工業品輸出や海外投資等で稼いだお金で、原油等原材料とともに食料を輸入していますが、輸入燃料なしには、農業生産もできません。今後とも、日本経済が破綻することなく、経済成長し、外貨を稼がなければ食料を買うこともできません。日本の経済の健全性を保つことが食料問題を考えるうえでも重要です。

それとともに、もちろん、強い農林水産業を育成するための制度対応、予算措置がとても重要といえます。

■ 3 食料・農業・農村基本法

食料・農業・農村基本法は、食料、農業、農村に関する施策について、基本理念とその実現を図るために基本となる事項を定めている法律です。農業政策の土台です。1999年に制定されました。

①食料の安定供給の確保、②（農業生産活動による）多面的機能の発揮、③農業の持続的発展、④農村の振興を基本理念として、施策を策定し、実施することとされていて、必要な法制上、財政上及び金融上の措置を講じなければなりません。

基本法に基づき、政府が実施すべき施策を明らかにした「食料・農業・農村基本計画」がおおむね5年ごとに定められます。最初に定められた2000年の計画では、食料自給率目標の設定、効率的かつ安定的な農業経営が相当部分を担う農業構造の確立、価格政策から所得政策への転換、農業経営の法人化の推進などが掲げられました。

2005年の計画では、1993年に終結したUR交渉の結果への対応のため、担い手を対象とした新たな経営安定対策の導入等を定めまし

図表1　新旧の基本法

基本法が目指すもの

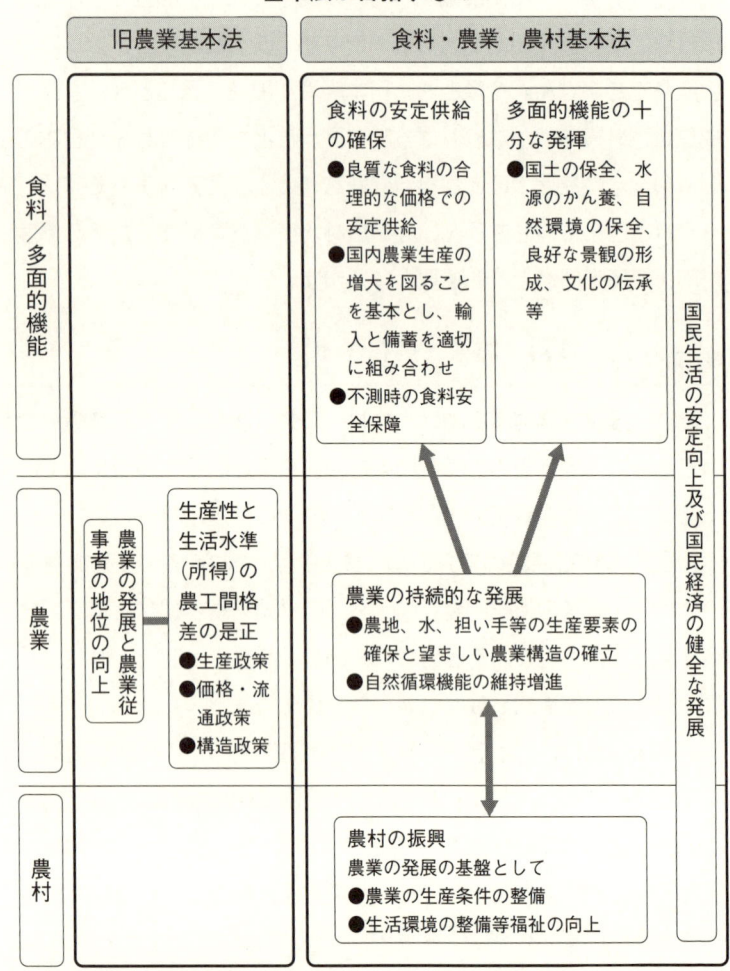

	旧農業基本法	食料・農業・農村基本法

食料/多面的機能

食料の安定供給の確保
- ●良質な食料の合理的な価格での安定供給
- ●国内農業生産の増大を図ることを基本とし、輸入と備蓄を適切に組み合わせ
- ●不測時の食料安全保障

多面的機能の十分な発揮
- ●国土の保全、水源のかん養、自然環境の保全、良好な景観の形成、文化の伝承等

農業

農業の発展と農業従事者の地位の向上

生産性と生活水準（所得）の農工間格差の是正
- ●生産政策
- ●価格・流通政策
- ●構造政策

農業の持続的な発展
- ●農地、水、担い手等の生産要素の確保と望ましい農業構造の確立
- ●自然循環機能の維持増進

農村

農村の振興
農業の発展の基盤として
- ●農業の生産条件の整備
- ●生活環境の整備等福祉の向上

国民生活の安定向上及び国民経済の健全な発展

（資料）　農林水産省HPをもとに作成

6

た。担い手とは、簡単にいうと、やる気と能力のある農業者のことです。

政権交代後の2010年に定められた計画では、マニフェストに掲げられた戸別所得補償制度の導入、食料自給率目標50パーセント等が盛り込まれましたが、再度の政権交代後の2015年の計画では、自給率目標は45パーセントに引き下げられるとともに、輸出拡大に向けた取組み強化、農協改革等に言及しています。

■ 4 食品安全基本法

食品安全基本法は2003年に、BSEをはじめ食品安全をめぐるさまざまな問題の発生を契機として、食品の安全性の確保に関する施策を総合的に推進するために制定されました。

食品安全行政の基本理念を策定し、また、リスク分析の考え方に基づき、リスク評価を行う食品安全委員会を設置するとともに、リスク管理を行う農林水産省と厚生労働省の組織を改革しました。

リスク分析とは、①食品中に含まれる特定の物質や病原菌などが人の健康に及ぼす影響について科学的に評価する「リスク評価」、②リスク評価の結果に基づいて、国民の食生活などの状況を考慮し、基準の設定や規制などの行政的な対応を行う「リスク管理」、③リスク評価の結果やリスク管理の手法について情報を共有しつつ、消費者、事業者、行政機関などがそれぞれの立場から情報や意見を交換する「リスクコミュニケーション」の3要素から構成されている科学的手法です。

農林水産物の生産から食品の販売にいたる食品供給工程において安全が確保されるべきこと（第4条）、必要な措置は科学的な知見

図表2 食品安全を守る仕組み

〇リスク分析の考え方に基づき、関係省庁が連携して、食品の安全性を確保

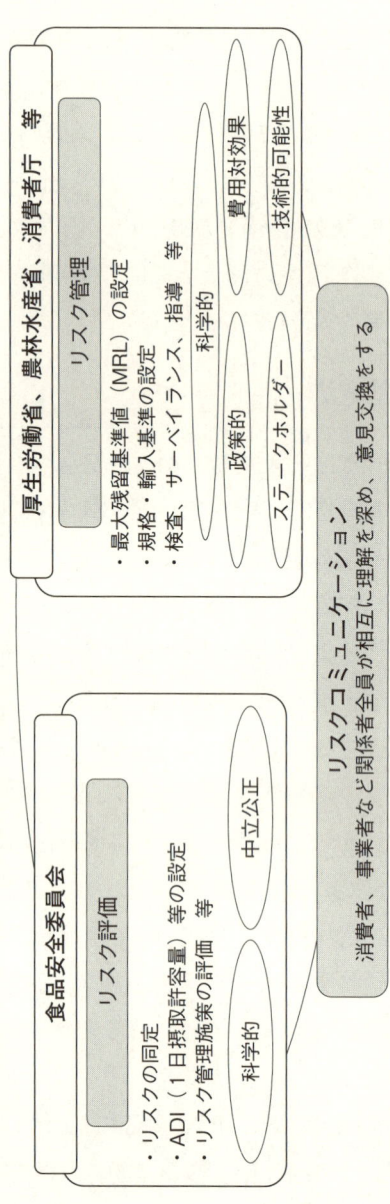

食品安全委員会

リスク評価

・リスクの同定
・ADI（1日摂取許容量）等の設定
・リスク管理施策の評価　等

科学的　　　中立公正

厚生労働省、農林水産省、消費者庁　等

リスク管理

・最大残留基準値（MRL）の設定
・規格・輸入基準の設定
・検査、サーベイランス、指導　等

科学的　　　政策的　　　ステークホルダー　　　費用対効果　　　技術的可能性

リスクコミュニケーション

消費者、事業者など関係者全員が相互に理解を深め、意見交換をする

（資料）内閣府HPをもとに作成

8

に基づいて講じられるべきこと（第5条）等が定められ、また、国をはじめとする関係者の責務・役割が明確に規定されました。

■■■ 5 行政組織

　学校で学んだとおり、行政権は内閣に属します（**憲法**）。内閣の統括のもとで、農林水産省が、食料の安定供給や農林水産業の発展を任務とし、農林水産大臣が管理しています。農林水産省が国としての総合的な施策を策定し、実施しますが、地域の実情にあわせて施策を実施するのは都道府県、市町村になります。また、政策実施の一定部分を担当する法人である独立行政法人も、農政を実施するうえで、重要な役割を果たしています。

［農林水産省］

　農林水産行政を担っている農林水産省の任務を定めているのは**農林水産省設置法**です。農林水産省の各局各課が何をやっているのかは、設置法をみればわかります。

　日本の行政組織は、**憲法**、**内閣法**のもとに制定された**国家行政組織法**に基づいて、各省設置法が制定されていて、**農林水産省設置法**もその一つです。大臣の数などは**内閣法**で定められ、各省に置く副大臣や政務官の数、各省の事務次官、局長、外局（省に置かれる委員会、庁）、地方支分局等は**国家行政組織法**に定められています。

　1881年に農商務省として始まり、大正時代に農林省になり、1943年に農商務省となった後、第二次世界大戦後1945年に再び農林省になり、1978年に農林水産省に改称されました。

［独立行政法人］

　事業仕分けで有名になった独立行政法人は、1999年制定の**独立行**

政法人通則法と個別に定められた法律により設立された法人です。公共上の見地から確実に実施されることが必要な事業事務であって、国自ら主体となって直接に実施する必要はないものの、民間の主体に委ねた場合必ずしも実施されないおそれがあるもの（第2条）などを行っています。現在は、行政執行法人（単年度ごとに管理され、公務員身分をもつ）、国立研究開発法人（5年から7年の目標に基づき研究開発を行う）、中期目標管理法人（3年から5年の目標に基づき多様なサービスを提供する）に分類されています。

　農林水産省関係では、行政執行法人1、国立研究開発法人4、残りが中期目標管理法人で、共管を含め、全部で13法人です。農林水産省が実施している制度の詳細を知るために、独立行政法人の事業内容まで把握する必要がある場合もあります。

［地方公共団体］

　都道府県独自の農林水産関係事業も実施されていますが、農林水産省が実施する事業についても、事業費の2分の1、3分の1に限って国費を手当するものが多く、都道府県費による助成がないと、現実には実施できないものも少なくありません。最近は、地方財政も厳しさを増しており、都道府県の予算枠が限られるために実施できない事業が、公共事業を含めて多いのです。

　都道府県職員である普及指導員が行う農業技術・経営支援の事業があります。1948年に制定され、2004年に改正された**農業改良助長法**に基づき、国が普及指導員資格試験を実施していますが、都道府県の専門職員として、農業の生産性向上、農作物の品質向上のための技術支援や農業経営支援を行っています。現在、全国で約6千数百人の普及指導員が活動していて、国の財政支援は減少してきてい

ますが、2017年度予算では総額約24億円の交付金等が都道府県に交付されています。

第 2 節

Q 1 自給率が低い日本の食料はこれからも大丈夫ですか

ポイント　食料自給率が高いほうがよいのは事実で、一定水準を確保することは必須ですが、日本の食料事情が問題だとまではいえません。国としての総合力が重要であり、もちろん、農地を有効活用しつつ、国内生産と輸入備蓄とを適切に組み合わせた農政が、引き続き重要です。

解　説

　歴史的にみても、穀物を輸入に頼って、繁栄した国はあります。ローマ帝国の中心部、イタリア半島中心部は、昔もいまも、穀物生産には適さず、当時、穀倉地帯だった北アフリカからの小麦の輸入に依存していました。食料供給に問題がなかったのは、帝国内の輸送、治安、金融等が機能していたからと考えられます。したがって、帝国の国力が衰退し、社会経済システムが機能しなくなると、食料供給に支障をきたし、ローマ中心部の人口も激減したといわれています。

　日本も、食料を輸入できる経済の強靭さの維持が重要です。

　農地1ha当たりの人口を比較すると、イギリス（10.5人）、ドイツ（6.9人）だけでなく、総人口が大きい中国（8.5人）、インド（6.5

図表3　農地面積当たりの人口比較（2005年）

国	農地 1 ha当たり人口	総人口
日本	27.0人	1.3億人
イギリス	10.5人	0.6億人
中国	8.5人	13億人
ドイツ	6.9人	0.8億人
インド	6.5人	12億人

（資料）「食の歴史と日本」川島博之、農林水産省データをもとに作成

人）に比べても、日本は27人と圧倒的に大きくなっています（川島博之「食の歴史と日本」、農林水産省データから推計、2005年）。日本の少ない農地で、純粋に養うことができる人口規模は6000万人程度との考え方もあり、自給率が低くなるのは必然ともいえます。

　貴重な農地だからこそ、制度の枠組みを整えて、有効に活用されるようにすること、そして、安定した国内生産が持続できるようにすることが、行政の責務であり、国民全体の課題ともいえます。

昔の農業基本法と食料・農業・農村基本法（新基本法）は違うのですか

ポイント

いずれも、農政の土台となる基本法です。1961年に制定された農業基本法と、それを改正するかたちで、1999年に制定された新基本法は、それぞれの時代背景を前提に、目指すべき政策の方向性を示しています。そうした事情が名称にも反映されていると考えられます。

解　説

　第二次世界大戦をはさんだ1940年代から1950年代は食料増産、1960年代から1970年代は高度経済成長下での農業と他産業との所得格差が、農業政策上の課題となっていました。そのため、1961年に制定された農業基本法は、農業と他産業との間の生産性と生活水準の格差是正を目指すものでした。

　これに対し、新たに制定された新基本法では、食料の安定供給の確保や多面的機能の発揮など、国民全体の視点から、食料、農業、農村が果たすべき役割と目指すべき政策方向を明示しています。

　多面的機能の発揮とは、農村で農業生産活動が行われることにより、食料が供給される以外にも、国土や水源が守られ、自然環境が保全され、良好な景観が形成され、文化が伝承されるといった多面的な機能を果たしていることを表しています。

Q.3 21世紀になってからいわれている農政改革とは
どういうことですか

ポイント 農業と貿易に関する考え方の枠組みを初めてつくった
GATTのUR交渉の終結等を背景として、2000年以降、食料・農
業・農村基本計画に基づき、農地政策、米政策、経営所得安定対策
等の農政改革が実施されてきました。
また、2012年の再度の政権交代の後、農業を成長産業とするため
の農政改革が進められています。

解　説

　1993年に終結したUR交渉の結果、国際ルールに国内制度を整合
させ、農業保護水準を引き下げるため、農政改革が行われました。
2000年以降の計画に基づき、農地政策では、農地の規模拡大、法人
による農業経営等が進められ、生産政策では、米の生産調整（いわ
ゆる減反対策）手法の見直し、流通規制の原則撤廃が実施されまし
た。2006年には、**担い手経営安定法**等関連法が整備されました。

　2度の政権交代を経た後の近年の農政改革は、内閣総理大臣を本
部長として、内閣に設置された「農林水産業・地域の活力創造本
部」のもとで、進められてきました。2015年には、すでに説明した
計画の見直しが実施されたほか、11月に総合的なTPP関連政策大
綱、2016年には農業競争力強化プログラムが決定されました。農業
を成長産業とするため、農地集積、担い手確保、農協等改革、米政
策見直し、輸出・6次産業化等の課題に取り組んでいます。また、

農業競争力強化プログラムでは、①生産資材価格の引下げ、②流通・加工構造の改革、③土地改良制度の見直し、④農村の就業構造の改善、⑤戦略的輸出体制の整備、⑥生乳の生産・流通改革、⑦収入保険制度の導入といった具体的な項目が掲げられ、2017年の通常国会で8本の関連法律が成立しました。

Q.4 食品安全委員会、厚生労働省、農林水産省等の関係はどうなっていますか

ポイント　食品のリスク評価を行うのが食品安全委員会で、リスク評価に基づき、食品衛生に関するリスク管理を行うのが厚生労働省、農林水産物に関するリスク管理を行うのが農林水産省です。消費者庁、環境省とも連携しています。

解　説

　食品安全委員会は、科学的知見に基づき、客観的かつ中立公正なリスク評価等を実施する機関として、内閣府に置かれています。自ら実施した食品健康影響評価（リスク評価）の結果に基づき、内閣総理大臣を通じて、関係大臣に勧告等を行います（**食品安全基本法**第23条）。委員会は7名で組織され、委員会の事務を処理するため、事務局が置かれています。

　食品安全委員会が行ったリスク評価をふまえて、食品衛生に関するリスク管理は厚生労働省が、農林水産物等に関するリスク管理は農林水産省が担い、消費者庁、環境省等とも連携しています。

　政府全体の体制整備にあわせて、農林水産省では、**肥料取締法**等の食品安全関連法を改正するとともに、本省に消費・安全局を創設し、地方組織を含めたリスク管理のための体制を整備しました。また、産地段階から消費段階にわたる農林水産物の安全性を確保するための規制等を確実に実施するとともに、基本法で、関係者相互間

の情報や意見の交換（リスクコミュニケーション）を促進すべきとされた（第15条）ことを受け、食品安全委員会、厚生労働省等と協力しながら、消費者、生産者、食品事業者等に正確でわかりやすい情報を提供し、関係者間で意見交換するなどの取組みを進めています。

Q 5 どうして1978年に農林省から農林水産省になったのですか

 ポイント 水産行政重視の意味を込めて省名が改正されたもので、この機会に、省全体の組織が整備されました。

解 説

1978年以前にも、水産行政は農林省のもとで実施されてきており、水産行政が新たに加わったわけではありません。

漁業のあり方に大転換を迫る200海里時代を迎え、水産行政重視の意味を込めて、省名が改められました。水産庁では、振興部という新たな部が創設され、また、試験研究体制も強化されました。

この機会に、内部部局、林野庁だけでなく、現在は廃止されている食糧庁の組織も整備されています。

Q 6 農業が主要産業でない地域の役所にも農業担当がいるのはなぜですか

ポ|イ|ン|ト 農業が、産業政策の観点から重きをなしていない地域においても、法律等に基づいた農業関連の管理業務があるからです。

解　説

　都道府県庁には、農林水産業が主要産業の一つに位置づけられている道県だけでなく、東京都などにも、農林水産分野を担当する組織は存在します。

　なお、東京都は、全体としての産業規模が大きいため、農林水産業はそうしたなかに埋もれがちですが、離島地域を含めて、有名ブランド農林水産物を産出していて、立派な経営体も、もちろん存在しています。

　農業生産額が少ない都府県でも、たとえば、農地がある限り農地関係業務がありますし、口蹄疫、鳥インフルエンザをはじめとする家畜衛生業務、農協監督業務等もあります。

第2章

農業経営を支える制度

第1節　あらまし

　第2章では、農業を経営する場合に必ず向き合うこととなる法制度についてみていきます。農業者とビジネスをする方や消費者が、農業経営を理解するためにも、重要な分野です。

　農業は、基本的には、農地で耕作する産業であり、農地そのものの整備、農地政策は最も重要な分野です。また、生産資材の購入から始まり、農業生産活動、収穫出荷等農業経営全般における農協の役割は重要です。さらに、1年1回の収穫となる農産物も多く、現金収入が入る時期が限られ、加えて、自然災害の影響も大きく受ける農業では、金融保険が果たす役割は大きいのですが、かつては、そのリスクの高さから、民間企業により十分な対応ができないこともあり、政策金融、国が関与する共済保険が実施されてきました。

　最近は、工場での農産物栽培、企業が関与する農業経営、農協を通さない農産物流通、民間金融機関による農業への融資等、さまざまな変化が起きていますが、そうした動きを理解するためにも、農地制度をはじめとして、過去からの流れを理解することが基礎となります。そのうえで、いま何が起きていて、何が課題なのか、考えていきます。

1　農地法等

　農地は農業生産の土台であり、農地の所有と利用のあり方は農政の最も重要な分野となっています。基本となる法律は**農地法**です。

図表4　農地法が定めている主要事項

事　項	条　文	内　容
目的	第1条	自作農主義←2009年廃止、農地利用責務規定追加（第2条の2）
法人（定義）	第2条	農業生産法人制度→農地所有適格法人（2015年）
農地権利移動制限	第3条	利用権に限り法人主体限定なし（要件あり）
農地転用制限	第4条、第5条	許可権限は都道府県知事等
賃貸借法定更新	第17条	適用除外あり
賃貸借解約等制限	第18条	都道府県知事許可必要（適用除外等あり）

農地法の背後には、**憲法**第29条財産権の規定が存在します。

　地主制の復活を防ぐために、第二次世界大戦後の農地改革の結果を継承して、1952年に制定されました。耕作者自らが農地を所有することを基本とし、農地の権利移動を農家間のみに認めました。この自作農主義は細分化した農地を生み出し、日本の高度成長下で、他産業が急成長するなかで、農業の生産性向上の足かせとなったとの指摘もあります。

(1)　農地の所有と貸借

　農業の生産性向上のために、農地の集約化による経営規模拡大が重要な要素であったことから、農地の貸借が進められることになりました。**農地法**のもとでは、賃借人が保護されており、農地をいったん貸したら戻らないとの懸念により、土地の流動化が進まなかったため、新しい法律を制定し、**農地法**をバイパスする手法により貸

借を促進することとなりました。**農用地利用増進法**（1980年）とそれを引き継いだ**農業基盤法**（1993年）です。

　農業基盤法による農地の貸借は、市町村が農用地利用集積計画を定め、農地の貸し手、借り手等関係者の同意を得たうえで、農業委員会の決定を経て、広告することにより、利用権設定等の効果が発生するという仕組みです（第18条から第20条）。農用地利用集積計画により農用地の利用権設定が行われる場合には、農地法による、権利移動の許可、賃貸借の法定更新といった規定は適用されません。

　21世紀に入り、農地面積が減少するなか、農地の宅地等への転用期待等を背景として、農地集積による農地の規模拡大が進まず、耕作放棄地も増加していることから、**農地法**等の大改正が行われ、2009年に施行されました。農地の所有と利用について、「農地を耕作者自ら所有」することを最も適当とする考え方であった**農地法**第１条が、「農地を効率的に利用する耕作者による……農地についての権利の取得」との考え方に改められました。この改正にあわせ、農地の所有権、賃借権等を有する者に、適正かつ効率的な利用を確保すべき旨の責務規定も設けられました（第２条の２）。

(2)　農業と法人

　農地の規模拡大に関する取組みのもう一つの側面が農業の法人化です。最初に法人の農地取得を認めたのは1962年の農地法改正です。新たに創設された農業生産法人制度は、数次の制度改正が実施されています。家族農業経営の協業の推進を目的として制度が創設され、当初は、農事組合法人、有限会社、合名会社、合資会社の形態のみが認められていましたが、2000年からは株式譲渡制限のある株式会社（現行会社法上は公開会社でないもの）にも認められていま

す。構成員が農業関係者中心であること、役員が農業に常時従事する者中心であること等の規制があり、農地取得のための要件と取得できる権利は個人の場合とほぼ同等です。

　2003年には、**特区法**のもとで、特区内に限り、農業生産法人以外の法人（株式会社等）のリース（賃借等）方式による農業参入が可能となりました。2005年には、**農業基盤法**の改正により、耕作放棄地については、農業生産法人以外の法人のリース方式による農業参入が全国で認められることとなりました。特定法人貸付事業といわれ、耕作放棄地や耕作放棄地になりそうな農地等が相当程度存在する地域を市町村が実施区域として定めた場合には、業務執行役員の１人以上が農業に従事する者であれば、法人形態や事業内容の制約なしに、どのような法人でも、農地を賃貸借、使用貸借することができます。組織形態別にみると株式会社が過半を占め、業種別では建設業、食品産業からの参入が多く、経営作目では、野菜、米麦等が多数を占めました。

　2009年の**農地法**改正で、農業生産法人における農業関係者以外の議決権を原則４分の１以下まで緩和するなど農地を利用する者の範囲を拡大し、農地の賃貸借の存続期間を50年以内（民法では20年以内）とし、農地を貸すと打ち切りになった農地の相続税の納税猶予を他人に貸した場合にも適用できるようにしました。また、**農地法**において、遊休農地の農業利用の促進や所有権移転等の対策を強化した（第4章遊休農地に関する措置）ことから、**農業基盤法**上の遊休農地関連措置と特定法人貸付事業は廃止されました。

　農地の利用権設定は、従来は農業生産法人のみに限られていましたが、主体の限定をなくす一方、農地転用規制は強化しました。た

だ、個人と同様な要件（営農計画、一定面積の経営、地域調和）のほか、①業務執行役員１人以上が常時従事、②農地が適切利用されない場合の解除条件が付されていること等の制約はかかります。

　2016年の**農地法**改正では、農地の所有にも、変更がありました。農地を所有できるのは、農業生産法人に限定されていましたが、その名称が農地所有適格法人と変更になり（非公開の株式会社、持分会社又は農事組合法人であることに変更はなし）、個人の場合と同様な要件に加え、主たる事業が農業であれば、①農業関係者以外の構成員（法人と継続的取引関係がない者も構成員になることが可能に変更）の議決権の割合が４分の１以下から２分の１未満に、②役員又は重要な使用人（農場長等）のうち１人以上（以前は役員の過半）は原則年間60日以上農作業に従事することが必要、と緩和されました（第２条第３項）。

　経済界などの要望が強い株式会社による農地所有の全面解禁は、今後の検討課題として先送りされており、農地の所有と利用、農業の法人経営をめぐっては、今後とも、議論が続けられることとなります。農業就業者の高齢化、耕作放棄地の増大等、国内の農業構造問題との関連において、また、TPP等との関係で、国内農業の体質強化、経営のコストダウンは待ったなしの状況です。

(3)　**農地の転用**

　農地の規模拡大の停滞と深く関係しているのが農地転用です。整備された農地ほど土地のまとまりがあり、農道も完備しているので、将来の工業用地、商業用地、住宅用地としての転用期待があり、農家自身が農地として利用しなくなっても、農家は売却もしなければ、貸しもしないといわれます。

図表 5　農地区分と転用許可の方針

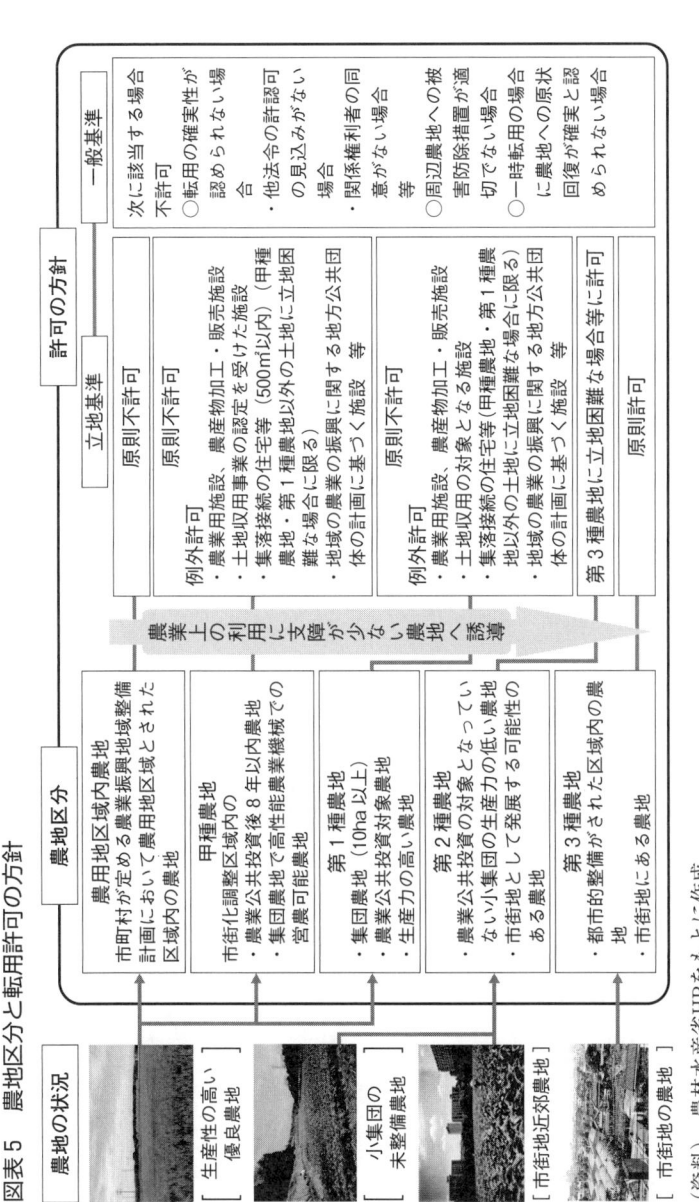

農地の状況	農地区分	許可の方針		
		立地基準	一般基準	

農地の状況

[生産性の高い優良農地]

[小集団の未整備農地]

[市街地近郊農地]

[市街地の農地]

農地区分

農用地区域内農地
市町村が定める農業振興地域整備計画において農用地区域とされた区域内の農地

甲種農地
市街化調整区域内の
・農業公共投資後8年以内農地
・集団農地で高性能農業機械での営農可能農地

第1種農地
・集団農地（10ha以上）
・農業公共投資対象農地
・生産力の高い農地

第2種農地
・農業公共投資の対象となっていない小集団の生産力の低い農地
・市街地として発展する可能性のある農地

第3種農地
・都市的整備がされた区域内の農地
・市街地にある農地

農業上の利用に支障が少ない農地へ誘導

許可の方針

立地基準

原則不許可

原則不許可
例外許可
・農業用施設、農産物加工・販売施設
・土地収用事業の認定を受けた施設
・集落接続の住宅等（500m²以内）（甲種農地・第1種農地以外の土地に立地困難な場合に限る）
・地域の農業の振興に関する地方公共団体の計画に基づく施設　等

原則不許可
例外許可
・農業用施設、農産物加工・販売施設
・土地収用の対象となる施設
・集落接続の住宅等（甲種農地・第1種農地以外の土地に立地困難な場合に限る）
・地域の農業の振興に関する地方公共団体の計画に基づく施設　等

第3種農地に立地困難な場合等に許可

原則許可

一般基準

次に該当する場合不許可
○転用の確実性が認められない場合
・他法令の許認可の見込みがない場合
・関係権利者の同意がない場合　等

○周辺農地への被害防除措置が適切でない場合　等

○一時転用の場合に農地への原状回復が確実と認められない場合

（資料）農林水産省HPをもとに作成

農地の転用、農地以外利用のための利用権設定は、**農地法**第4条、第5条で厳しく規制されており、審査は農業委員会に委ねられています。農地の転用には、農業委員会の意見に基づき、原則として、都道府県知事の許可を必要とします。4 haを超える場合には農林水産大臣との協議が必要ですが、北海道以外では、農林水産省の地方組織である地方農政局長が相手となります。国、都道府県が転用する場合、土地収用の場合等は原則として許可が不要とされます。

　転用の許可にあたっては、運用基準に基づき、転用は、農地の生産性の低い順に行うこととなっています。

　現実には、農用地区域の線引きの見直しが行われ、転用されることもあるといわれます。農地転用をめぐっては、優良農地を守りたいサイド、転用して開発したいサイド双方の思惑もあり、転用許可基準の公開性、客観性等について議論されてきました。

　2009年の**農地法**改正において、優良農地を確保する観点から、農地転用規制を厳格化しました。従来許可不要とされてきた国、都道府県による病院、学校等の公共施設設置のための転用も許可対象となり、違反転用の場合の行政代執行制度が創設され（第51条第3項）、罰金額も引き上げられました（第67条）。農地の問題は、昔もいまも、国土の土地利用全体にかかわる重要な課題です。

(4)　最近の動き

　2018年には、所有者不明農地について、農地中間管理機構に貸付けできるようにするとともに、農業用ハウス等を農地に設置するにあたって、農業委員会に届け出た場合には、内部を全面コンクリート張りとした場合であっても、農地転用に該当しないものとする等

を内容とする農地法と農業基盤法の改正が行われます。

2 農 協

　農協、すなわち農業協同組合は、日本の農政上、重要な役割を果たしてきました。1992年、農協組織は、農協のイメージ変革のためにJAをその略称として採用しました。経済活動の全国組織を担う全国農業協同組合連合会、全農は商社のようなものです。政治活動の中心となってきた全国農業協同組合中央会は全中と呼ばれます。また、農林中央金庫は、大手都市銀行に並ぶ資金量を誇り、国際的な活動も積極的に展開してきましたが、農協の信用事業の全国組織であり、原資は農協貯金です。

(1) 沿 革 等

　日本では、第一次世界大戦前から、**協同組合法**に基づく農業協同組織が存在しましたが、現在の**農協法**は、第二次世界大戦後の1947年に制定されました。農協を経済組織として認知し、農業者の自立を保障しました。その後、日本経済の高度成長に大きく揺さぶられた農協の体質強化を図るため、1961年に**農業協同組合合併助成法**が制定され、市町村レベルに位置する単位農協の数は、3分の2に減少し、事業と経営管理が強化されました。

　農協のそもそもの発想は、農産物を農業者個人が販売して買い叩かれるのを防ぐために、協同して有利に販売しようというものです。種子、肥料、飼料等の購入にあたっても、協同して購入することにより、経費節減を図ることができます。また、米の生産にあたっては、土地や水の管理上、共同作業が不可欠です。生産性向上の観点からも共同化が望ましいという農業技術上の利点もあり、農

業者の協同や農協による技術指導が重視されました。

　農業協同組合については、世界の協同組合運動のなかでも、農業を一つの分野として認識していて、大農業中心のアメリカでも、農業協同組織が農業法の一分野として論じられてきています。また、開発途上国における農業振興上、農業の協同化による生産性向上や農民福祉の改善が期待されており、日本のノウハウの移転も重要です。

⑵　**事業と組織**

　日本の農業者の多くが、地域の農協の正組合員となっています。農業者でなくても、農協の准組合員として参加し、信用事業、共済事業を利用できます。農協は**農協法**に基づき、指導事業、経済事業、信用事業、共済事業等を行うことができます（第10条）。指導事業のうち営農指導は、最も重要な活動で、生産技術指導、経営指導等を行っていますが、近時、農協の減量経営のなかで、その指導体制も磐石ではなくなってきているといわれています。経済事業は、組合員の生産農産物の販売事業と資材等の購入事業のことです。本来は、組合員の生産物をより高く売るとともに、資材を安く手に入れ、農家に提供することを目的としています。ところが、少量多品目を望む消費者や有機農産物等付加価値のついた農産物需要への対応では、規格化された大量販売を得意とする農協組織では十分に対応できないことも多く、やる気のある大規模生産者ほど、独自の販売を行うことも多くなっています。また、資材の購入についても、農協の経済活動の上部組織である全農それ自体が、商社と同じような存在となり、農協系統組織からの購入が経済的とは限らないとの批判もあります。

信用事業では、農業者のよりよい農業経営と家計を助けることを目的にした貯金と与信業務を行っており、共済事業では、生命保険、年金保険等の業務を行っています。

　農協組織は、かつては、垂直的な3段階システムとなっていました。農業者は通常、市町村レベルの総合農協に加入し、都道府県レベルの事業ごとの連合会に統括され、さらに、それらが、全国レベルの事業ごとの連合会に統括されていました。近時は、地域と全国

図表6　JAグループ組織図

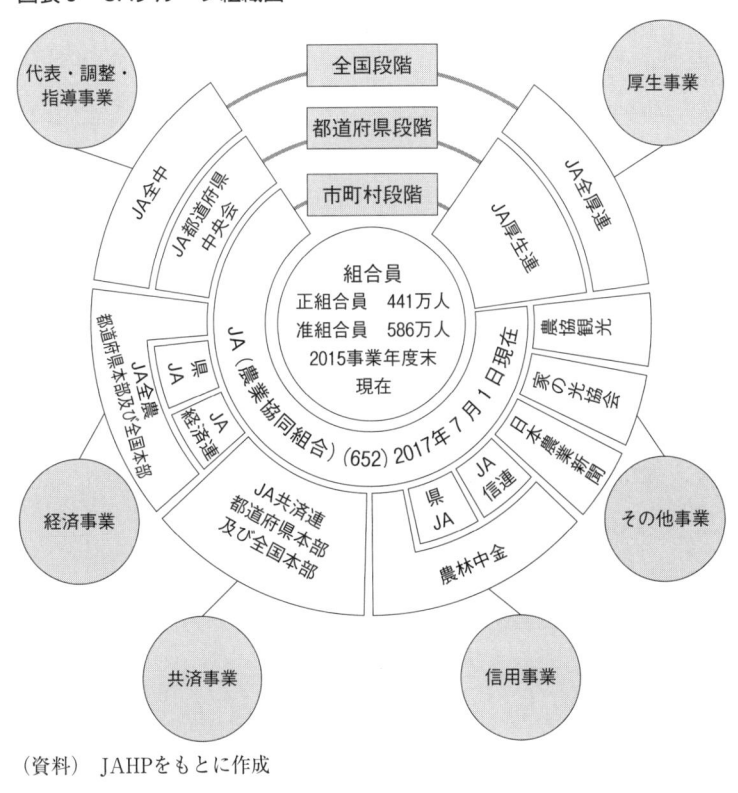

（資料）　JAHPをもとに作成

の2段階制に向かっており、共済事業の県レベル組織はなくなり、経済事業の県レベル組織も数県にとどまっています。

　法律上は、農業協同組合と農業協同組合連合会の二つの形態について定めており、2015年の**農協法**改正の附則で、指導事業を行う都道府県中央会と全国中央会は、経過期間内に、それぞれ、農協連合会、一般社団法人になることができると定められました。

■■ 3　農業金融

　農林漁業金融公庫を含む4つの政府系金融機関が統合し、2008年10月に株式会社日本政策金融公庫が発足しました。総裁には旧中小企業金融公庫総裁が就任、2人の副総裁にはいずれも財務省事務次官と財務官経験者が就任しました。農林漁業金融公庫が果たしてきた役割は、日本政策金融公庫農林水産事業本部が担うこととなりました。

　農業者は常に天候や自然災害にさらされており、1年1回の収穫期における収入に依存する場合も多く、また、その利益率が大きなものではなく、高利率の市中金融を利用する能力が十分でないと考えられることから、農業経営や家計にとって、農業金融の存在意義は大きいのです。農業大国アメリカにおいても、農業金融は、農政上、重要な柱となっています。

(1)　種　　類

　農林漁業金融公庫法に基づき設立された農林漁業金融公庫が行ってきた業務は、**株式会社日本政策金融公庫法**（2007年）に基づき、日本政策金融公庫農林水産事業本部が受け継ぎました。同法別表に記載された、民間金融機関が融資対象としていない長期低利の農林

漁業者向けの資金を、政府の政策に沿った経営体に対して融通します。原資は財政投融資資金です。

　また、政府は、**農業改良資金融通法**（1956年）に基づき、リスクのある新規の技術やプロジェクトの導入のための中期無利子の農業改良資金を、日本政策金融公庫、農協等を通じて、農家に融資しています。

　さらに、農業近代化資金は、**農業近代化資金融通法**（1961年）に基づき、農協、銀行等からの融資に、国及び都道府県が利子補給することにより、農機具、農業用施設などの中長期資金を低利で利用できるようにしているものです。農協は日本政策金融公庫と並び、農業金融上、重要な役割を果たしてきています。

　農林漁業信用保証制度は、**農業信用保証保険法**（1961年）に基づく制度で、農林漁業者の信用を補完して、農業者の経営改善、農業の生産性向上を図ろうとするものです。具体的には、各都道府県に設置された農業信用基金協会が融資機関から資金の貸付を受ける農業者等の債務を保証し、この保証について、独立行政法人農林漁業信用基金が行う保証保険により補完します。債務保証の対象となる資金は、農業近代化資金、農業改良資金、就農支援資金等です。中小企業者の信用を補完する中小企業信用保険制度と連携を図っており、中小企業者が農業参入する場合には、農業信用保証制度を利用することができます。

⑵　最近の動向

　農業だけでなく、銀行など民間金融機関を取り巻く環境も劇的に変化してきています。地方経済の縮小等の波にさらされている地方銀行のなかには、農業や農業関連ビジネスに対して、積極的に融資

していこうとの姿勢を打ち出すところが増えており、また、公的役割と民間の役割を時代に即して考えるべきとの議論もあります。

　農業改良資金、農業信用保証保険等に関する2010年の改正により、日本政策金融公庫等が農業改良資金の貸付業務をできるようになり、また、農林漁業信用基金による融資保険の対象に銀行等の貸付が追加されました。引き続き、農協のあり方の議論とも関係して議論が進められるものと思われますが、農業金融が農業振興に果たす役割は大きいのです。

■ 4　農業保険

　2017年に大きな制度改革が行われました。従来から実施されてきた農業共済事業を見直すとともに、新たに、農業収入保険事業を創設する法案が成立しました。法律名も、**農災法**から**農業保険法**に改められました。2018年に施行され、2019年産から実施されます。

(1)　農業災害補償制度

　農業は、自然を相手にする産業で、とりわけ、アジア・モンスーン地帯に位置するわが国の農業は、風水害、冷害等種々の災害にしばしば見舞われる宿命を有しています。加えて、零細経営の農家は、災害により大きな打撃を受けやすいといえます。このため、政府として、保険の仕組みによる農業災害補償制度を設け、財政援助を行ってきました。現行制度は、農業保険制度（1938年）と家畜保険制度（1929年）を統合するかたちで、1947年に**農災法**が制定され、その後幾多の改正が行われてきました。

[運営組織]

　農業災害補償制度は、農業共済組合（場合により市町村）、農業共

済組合連合会、政府（農業共済再保険特別会計）の３段階制で運営されてきました。まず、農家から共済掛金を徴収し、被災農家に共済金を支払うなどの仕事をしているのが組合です。組合は、大きな災害に見舞われ、共済金の支払が多額となり、組合だけでは支払ができなくなる場合に備えて、共済責任の一部について都道府県段階の農業共済組合連合会の保険に付し、さらに、連合会は、その責任（保険責任）の一部について全国段階である政府の再保険に付しています。被害の態様に応じ、その危険をより広い地域に分散し、農家に対する共済金の支払に支障が生じないようにしているのです。地域の意向により２段階制（農業共済組合、政府）での実施も可能です。農家の自主的な相互救済を基本としつつ、国の災害対策として実施される公的保険制度です。

[共済の種類]

　農作物共済、家畜共済、果樹共済、畑作物共済、園芸施設共済の種類があります。

　農作物共済及び家畜共済は、必須事業とされており、農作物共済は、一定規模以上の農家は当然加入となっていました。

　また、政府は、再保険を行うとともに、農家が支払う共済掛金及び農業共済事業を行う団体の事務費の一部を補助しています。

(2)　収入保険制度の創設

　農業災害補償制度は自然災害による収入減少が対象であり、価格低下等は対象外で、対象品目も限定的なため、農業経営全体をカバーしていないという課題を抱えていました。このため、経営の発展に取り組む農業経営者のセーフティネットとして、品目の枠にとらわれず、農業経営者ごとの収入全体をみて、総合的に対応しうる

図表7 収入保険と類似の制度の対象品目

制　　度		対象品目
収入保険		全ての農産物（肉用牛、肉用子牛、肉豚、鶏卵は除く）
農業共済	農作物共済	水稲、陸稲、麦
	畑作物共済	大豆、小豆、いんげん、ばれいしょ、てん菜、さとうきび、茶、そば、スイートコーン、たまねぎ、かぼちゃ、ホップ、蚕繭
	果樹共済	うんしゅうみかん、なつみかん、いよかん、はっさく等の指定かんきつ、りんご、ぶどう、なし、もも、おうとう、びわ、かき、くり、うめ、すもも、キウイフルーツ、パインアップル
野菜価格安定制度		産地で指定されている野菜 ［指定野菜］キャベツ、きゅうり、さといも、だいこん、トマト、なす、にんじん、ねぎ、はくさい、ピーマン、レタス、たまねぎ、ばれいしょ、ほうれんそう ［特定野菜］アスパラガス等

収入保険制度が創設されました。

　青色申告を行い、経営管理を適切に行う農業者が保険資格者であり、全国を区域とする農業共済組合連合会が事業主体となる任意加入制となります。

　収入保険制度の創設に伴い、農業共済事業について、農作物共済の当然加入制を廃止し、任意加入制とし、共済掛け金率を危険段階ごとに定めるなどの見直しも行われます。

5 土地改良

　農業分野の公共事業の基本を定めている法律が**土地改良法**です。農業の生産性の向上、農業総生産の増大、農業構造の改善を図るためには、農業の生産基盤を整備し、開発することが必要不可欠です。このため、土地改良法では、農用地の改良、開発、保全、集団化に関する事業（土地改良事業）を適正かつ円滑に実施するために必要な事項等を定めています。

[現　　状]

　2009年度の農林水産省予算総額約2兆5600億円のうち39パーセントを公共事業費が占めていましたが、「コンクリートから人へ」を掲げる政権のもとで、2010年度予算では、総額約2兆4500億円中、公共事業費は27パーセント、前年の66パーセントの予算となりました。従来、農林水産省の公共事業予算の約6割は農業農村整備に投じられ、それ以外が森林等整備、漁港等整備に使われてきましたが、2010年度予算では、農業農村整備は約3割となりました。

　再度の政権交代後、2017年度予算では、予算総額2兆3千億円強に占める割合は30パーセント弱となりました。

[制度の枠組み]

　土地改良法は1949年に制定された法律で、5年を1期とする土地改良長期計画が定められることとなっており（第4条の2）、また、土地改良事業の種類として、農業用用排水施設・農業用道路等の施設の設置・管理、農用地の造成・保全、区画整理、交換分合等が規定されています（第2条）。事業実施主体は、国、都道府県、農協・市町村のほか、耕作者を組合員とする土地改良区です。

土地改良事業は、事業の規模や性格に応じて、土地改良区・市町村等（団体営事業）、都道府県（都道府県営事業）、国（国営事業）が役割を分担して実施しており、いずれの場合にも、国の負担又は補助のほか、都道府県、市町村、受益農家が一定割合を負担します。建設された施設の管理が必要なものもあります。たとえば、農業用用排水施設では、受益農家の営農が滞りなく行われるために、継続的な適正管理が不可欠です。国営事業として実施され、国が所有権を有している施設についても、実際の管理主体が土地改良区となっていることも多いのです。土地改良区の行う維持管理事業には、国、道府県、市町村の財政支援もなされていますが、大半は改良区の組合員である農家から徴収される賦課金と農家自らと地域の非農家を含めた住民による作業労働により行われています。

Q.1 日本の農地について、何が問題になっていますか

ポイント
もともと細分化している日本の農地は近年減少し、耕作放棄地が増えてきていることから、やる気と能力のある農家に農地を集約化することなどが重要になっています。

解　説

　農地は農業生産の基礎です。日本では、人口に対比してみた場合、農地は希少資源であるにもかかわらず、農地面積が減少しています。明治期以降、農地面積は増え、1961年に最大面積609万haになりましたが、その後は減少に転じています。2012年には、明治初期の1874年の455万haに戻り、その後も減少に歯止めがかかっていません。主に宅地等への転用や荒廃農地の発生によります。

　第二次世界大戦後の農地改革により、農地は細分化しており、条件の悪い農地が耕作放棄されることが多く、また、世代交代等で、土地持ち非農家が所有する農地が増加しています。加えて、農地所有者の死亡後に相続人が所有権移転登記を行わない農地が増え、相続未登記農地の存在は、農地の集積・集約化をむずかしくしている事情もあります。宅地で発生しているのと同様の問題です。

こうした危機的状況をふまえ、2013年に、政府として、2023年までに、全農地面積の８割をやる気と能力のある農業の担い手に集積するという目標を掲げました。その実現に向けて、農地中間管理機構に農地を集積・集約化するため、農地の出し手（農地所有者）に対して、農地の固定資産税を軽減したり、逆に、農業委員会から勧告を受けた遊休農地所有者に対する固定資産税を課税強化したりするなどの措置を創設しています。

株式会社は農地を保有できますか

ポイント 公開会社である株式会社（**会社法**第2条第5号）は農地を所有できませんが、公開会社でない株式会社は所有できます。また、公開会社を含めて、農地の賃貸借は可能です。所有にしろ、賃貸借にしろ、法律に定められた規律に従う必要があります。

 解　説

法人による農地の保有、賃貸借については、過去からの制度改正の結果として、現在、公開会社を除く株式会社を含む法人による所有が認められ、また、賃借権の設定に主体の限定はありません。もちろん、限られた資源である農地の利用については、個人の場合においても、適切に使用されるために必要な要件が法律により定められていますので、個人の場合と同様の要件に加え、法人に関する規律に従わなければなりません。

民法の規定により賃貸借の存続期間は20年以内とされていますが、農地の賃貸借については、民法の特例として50年以内まで可能です（**農地法**第19条）。

農地の集約化に農地中間管理機構は切り札となりますか

ポイント　分散した農地の集約化に重要な役割を果たしているのが、都道府県に一つずつ置かれた農地中間管理機構です。

解　説

　農地中間管理機構は、農業の成長産業化に向けて、**農地中間管理事業の推進に関する法律**（2013年、略称農地バンク法）に基づき、設置されました。通称は農地バンクです。分散した農地や耕作放棄地を農地中間管理機構が借り受け、必要な場合には、基盤整備を行い、法人経営、大規模家族経営、集落営農、企業等にまとまりのある農地として貸し付けます。このような経営体を「担い手」といい、2013年の閣議決定「日本再興戦略」で、2023年までに、担い手が利用する農地面積の割合を現状の5割から8割に引き上げる目標が定められています。

　一定の成果があがっており、成果の加速化が期待されています。

Q.4 農地情報の電子化・地図化はどうなっていますか

ポイント 農地情報公開システム（通称、全国農地ナビ）が、2015年から稼働しています。

解　説

　各市町村の農業委員会が整備している農地台帳に基づいて農地情報を電子化・地図化して公開する全国一元的なクラウドシステム、全国農地ナビが稼働しています。インターネットを利用して、アクセスできます。このシステムで公開される農地情報は、市街化区域を除く全国約5000万筆の農地について、所在、地番、地目（田、畑など）、面積等の情報です。

　このシステムの稼働により、経営規模の拡大や新規参入を希望する「農地の受け手」が全国から希望の農地を探したり、農地中間管理機構や市町村・農業委員会が、農地集積・集約化に向けた調整活動に活用したりすることが期待されています。

農業委員会委員の選出方法が変革されたのですか

ポイント　農業委員会は、市町村に置かれる行政委員会で、農地の利用関係の調整等を行っています。最近、選出方法等が大幅に見直されました。

解　説

　農業委員会は、**農委法**に基づき、農地のある市町村に設置される行政委員会です。従来は、農家を母体とする選挙委員と農協、農業共済組合、土地改良区や議会が推薦し市町村長が選任する選任委員からなっていました。2016年の**農地法**改正、**農協法**改正と同時に行われた**農委法**改正において、農地利用の最適化（担い手への集積・集約化、耕作放棄地の発生防止・解消、新規参入の促進）に向けて、農業委員の選出方法が改められました。原則として、認定農業者（**農業基盤法**で定義）等が委員の過半数を占めるよう、市町村議会の同意を得て、市町村長が任命することとなりました（第8条）。

Q 6 農地を含む土地利用に課題がありますか

> **ポイント**　国土法、都計法、農振法により管理されていますが、
> 土地利用規制にはなっていないという問題があります。

解　説

　土地利用に関しては、国全体での上位法としては、**国土法**があり、全国計画、都道府県計画、市町村計画が策定されています。その下に、都市の土地利用を規律する国交省所管の**都計法**、農業的利用を規律する農水省所管の**農振法**があり、一元化されていません。また、「……できる」という法体系になっており、強力な土地利用規制にはなっていません。全国レベルでの土地利用の考え方にたっているとはいえず、透明性にかけるのではないかとの懸念もあります。

　財産権の保障、地方自治の考え方はもちろん重要ですが、他方、国土全体での均衡と秩序ある土地利用を考え、また、とりわけ、食料生産の基盤となる農地の確保を考えるならば、農地法制だけでなく、国土利用全体を議論することも重要でしょう。第二次世界大戦後の**憲法**第29条において、財産権の不可侵が定められたことにより、土地所有権が絶対視される風潮があります。先進諸外国では、土地の有効利用の観点からのゾーニングや用途制限は当然の前提とされてきています。日本においても、土地利用について、成熟した議論が期待されます。

Q 7 生産緑地制度が最近注目されている理由は何ですか

ポイント　市街化区域内農地のうち、一定の要件を備えたものについて、特例を設けているもので、近く、この制度との関係で、農地が宅地化されるのではないかと注目されています。

解　説

　市街化区域（すでに市街地を形成している区域及びおおむね10年以内に優先的かつ計画的に市街化を図るべき区域、**都計法**第7条）内の農地は、原則として、宅地並みの課税となっていますが、**生産緑地法**（1974年）に基づく生産緑地地区の指定を受けた農地については、農地課税となるとともに、農地の相続税猶予制度の対象になる反面、30年間は、公共施設の設置等以外の開発行為、農地転用は許可されないこととなっています。税法とリンクさせた措置が始まったのは、改正**生産緑地法**（1991年）によるものです。近く、その制度のもとでの30年が経過することから、生産緑地地区農地の転用に向けた動向が注目されています。

　このような情勢下で、2017年に生産緑地法が改正され、30年を10年延長する特定生産緑地制度を創設する等の措置が講じられ、また、2018年には、生産緑地地区内の農地について、都市農業の有する機能に着目して、都市農地の貸借が円滑に行われるように、農地法の特例を定める法律が、制定されます。

農協について、何が問題となっているのですか

ポ イ ン ト
　農協について、さまざまな議論が行われてきました
が、その役割が重要との認識は共有されており、最近の法律改正の
内容が、今後具体化されていきます。

解　説

　農協の功罪についてはいろいろと議論されてきました。新しい農
業を目指す農業者のなかには、従来型の大量生産、平等主義の農協
の枠にはまらない経営体があること、日本の農政が農協勢力に大き
く影響を受けてきたことは事実で、農協の現状を把握し、問題や課
題を整理して、改善していくことが重要と認識されています。

　他方、農業者の高齢化が進行するなかで、地域の農業を支える主
体としての農協に、新たな期待を寄せている地域もあります。さら
に、新しい農業を目指す若手中核農業者や農業法人経営者のなかに
も、農協執行部の若返りや流通分野や商社等経験者の農協幹部職員
への採用等を転機として、農協との新たな連携を目指す動きもみら
れます。

　厳しさを増す日本の農業環境下で、農協の蓄積してきたノウハウ
を生かしつつ、既成の概念や過去からの呪縛にとらわれずに、新た
な農協の役割を構築するための大胆かつ柔軟な対応が望まれます。

　農協の政治力を背景として、農協の政治的な中立性の問題が、

2009年の政権交代の前後から議論されてきました。農政の実施機関として農協が活用されてきたことは事実で、農家戸別所得補償制度は農協を通さないシステムを構築しようとの試みでした。

　さまざまな議論をふまえて、2015年に**農協法**は改正され、具体的な内容は2019年以降に実施されます。

　今後、法律改正の際に議論された理念の具体化が図られていくものと考えられますが、現時点で、明確になっている変更点は、地域農協の理事の過半数は認定農業者や農産物販売等のプロとなること、農協に対する全国中央会による監査義務づけは廃止され、公認会計士監査となること、中央会は特別認可法人から一般社団法人に移行することなどです。

Q9 農林漁業成長産業化ファンドのねらいは何ですか

ポ｜イ｜ン｜ト

出融資の手法で、農林漁業者が、加工、流通業者等と連携して、6次産業化を進めることを支援します。

解　説

株式会社農林漁業成長産業化支援機構法（2012年）に基づき、政府と民間企業の共同出資による株式会社農林漁業成長産業化支援機構（通称A－FIVE）が、2013年に開業しました。農林漁業者が主体となって新たな事業分野を開拓する事業活動等に対し出融資や経営支援を行い、農山漁村において雇用機会を創出し、農林水産業の成長産業化を目指すものです。事業体に対して、A－FIVEから直接に、出資、融資するほか、地域に根ざした金融機関等とA－FIVEの共同出資によるサブファンドからの出資も行われます。すでに、A－FIVEによる支援が決定したサブファンドが全国各地に形成されるとともに、ファンドを活用した事業が進められています。

　ファンドの活用により、農林漁業者の所得が向上し、あわせて、地域の雇用が確保されることが期待されます。

農業分野の公共事業にはどのような課題がありますか

ポイント 農業の生産性向上、競争力強化のためには、農地整備等の公共事業の実施が不可欠ですが、厳しい財政事情のもとで、予算の確保がむずかしくなっており、効率的な整備、施設の維持管理が重要になっています。

◆◆ 解 説 ◆◆

　農地の整備に関しては、水田の整備率は6割を超えているものの、区画が小さいものが多く、また、地域による水準のばらつきが大きいといわれています。また、農業の生命線である用排水施設の老朽化が進行し、施設の整備更新が重要であるだけでなく、農業者の高齢化、非農家住民の混住化で、施設管理のあり方も重要課題となっています。

　しかしながら、厳しい財政事情のなかで、農業関係公共投資額は1997年をピークに減少してきています。政府全体で公共事業にどの程度の予算を割り当てるべきか、どの分野を優先するのか等の議論が進められており、農業関係の公共投資についても、そうした議論のなかで、そのあり方が問われています。日本の食料自給をどのように考えるにしろ、農業の生産性を向上させ、国民の求める品目を効率的に生産するために、農業基盤の整備が重要です。

　先進国においては、基本的な農地基盤整備が終了しているといわ

れるなかで、相対的に整備率の低い日本の農地について、無駄をなくしつつ、いかに効率的に整備していくのか真剣に議論しなければなりません。

また、政権交代期には、農協と同じく、土地改良区、土地改良事業団体連合会の政治的中立性についても論じられました。

農業競争力強化のための法整備の一環として、2017年に**土地改良法**が改正され、農地中間管理機構が借り入れている農地について、農業者からの申請によらず、都道府県が農業者の費用負担や同意を求めずに基盤整備事業を実施できる制度等が創設されました。

第3章

農業生産を支援する制度

第1節　あらまし

　第3章では、農業生産を支援する制度をみていきます。かつては、農産物毎の生産費を保証する価格支持制度と外国農産物輸入が国内生産に与える影響を少なくするための輸入数量制限等の国境措置が柱でした。しかし、UR交渉の終結とWTOの設立、WTOのDR農業交渉の議論等に対応して、国境措置を大幅に変更することとなり、あわせて、国内措置も再編成されました。

　国境措置は、品目特性をふまえて、品目毎に異なりますが、輸入数量制限はなくなりました。引き続き、関税割当制度、国家貿易制度、法律に基づく輸入差益、調整金の徴収などは、行われています。

　国内生産への支援制度では、URで、貿易に影響を与える助成は削減することとなり、小麦、大麦、大豆、てん菜等は品目横断的経営安定対策に切り替わりました。URでは、米への助成は、生産制限等を条件として農家に直接支払われる補助金として、青の政策と位置づけられ、削減対象外となりましたが、DRでは、上限設定等が議論されています。米を含めて、現在は、経営所得安定対策の名称での助成等が実施されています。畜産物については、畜産・酪農の経営安定対策等の生産対策が講じられています。

■ 1　経　　緯

　UR農業交渉において、農業と貿易に関する問題点を整理し、国

際的な考え方のフレームを初めてつくりました。その結果、国境措置、国内支持、輸出競争の3分野で具体的な規律が定められたことから、国内法制度を変更することが必要になりました。日本は、該当する輸出補助金はありませんでした。

　国境措置については、原則として全ての輸入数量制限等の非関税措置を関税化し、譲許税率（国際的に約束した上限税率）を削減することになりました。当初、関税化の特例措置を適用した米も、その後、関税措置に切り替えました。輸入数量制限撤廃後も、国家貿易制度、関税割当制度等は維持されています。

　国内支持については、内外価格差支援などの最も貿易歪曲的な国内助成（黄の政策）について助成水準を20パーセント削減することになりました。これに該当する小麦、大麦、大豆等の価格制度は、WTO上、貿易歪曲性がないか最小限とされる緑の政策となるよう、品目横断的経営安定対策に切り替わりました。品目横断的経営安定対策は、その後、経営所得安定対策と名称変更されています。

図表8　UR農業合意の概要

区分	対象施策	約束の実施方式（6年間）
国境措置	関税	農産物全体で平均36％（品目毎に最低15％）削減
	輸入数量制限等	原則として全ての輸入制限等を関税に転換（関税化）し、関税と同様に削減
国内支持	市場価格支持、不足払い等	助成合計量（AMS）を20％削減
輸出競争	輸出補助金	金額で36％、対象数量で21％削減

（資料）　農林水産省HPをもとに作成

図表9　UR農業合意に基づく輸入制度の概要

品目	従前の国境措置	関税化等導入に伴い導入した国境措置				
		国境措置の基本的枠組み	アクセス機会			枠外税率
			アクセス数量	適用税率	輸入差益の上限	
米	輸入数量制限	国家貿易制度	関税措置移行後76.7万玄米トン	無税	292円/kg（削減せず）	341円/kg
麦	輸入数量制限	国家貿易制度	小麦682.2千トン	無税	45円/kg	55円/kg
			大麦1.369千トン	無税	29円/kg	39円/kg
脱脂粉乳バター	輸入数量制限	国家貿易制度を維持（農畜産業振興機構による）民間貿易は関税割当制度	国家貿易137千トン（生乳換算）民間貿易は、脱脂粉乳93千トン、バター1.9千トン、その他125千トン	脱脂粉乳25%バター35%無税～35%	入札による	396円/kg+21.3%985円/kg+29.8%
豚肉	差額関税制度	・差額関税制度を関税化し、基準輸入価格を1993年度の水準から15%削減・特別セーフガードに加え、別途、輸入量の急増に対し、分岐点価格を引き上げるための緊急調整措置を導入・アクセス数量は設定せず				

　WTO・DR交渉はこう着状況にありますが、農業交渉では、URにおいて整理されたのと同様、国内補助、市場アクセス、輸出補助の3分野で議論されています。WTO交渉が停滞するなかで、EPA、FTAの交渉が世界レベルで加速化しており、日本としても、さまざまな国・地域と交渉してきました。

TPP交渉開始にあたり、合意した場合に特に影響が大きい農産物５項目（米、麦、牛肉・豚肉、乳製品、砂糖）について、衆議院と参議院の農林水産委員会は、2013年、政府に対して農林水産物への配慮を求める決議を行っています。

　TPPは、各国署名後、日本は国内手続を完了していましたが、2017年１月のアメリカの離脱表明を受けて、11カ国による協議を行い、TPP11は、TPP合意内容のうち一部項目の効力を凍結するとともに、アメリカ復帰が見込まれない場合等には参加国の要請により協定を見直すこととなっています。

　日EU・EPAは、2017年12月交渉が妥結しましたが、それぞれの議会手続等があり、発効には、数年を要するとされています。

■ 2　米

　40年ほど前には、食料の供給熱量の４割以上を占めていた米は、現在２割強となり、農業総産出額に占める米の割合も２割を切りました。米の国内総需要量は減少し続け、水田の６割が主食用米に作付されているだけで、残りの約４割は転作や不作付地となっています。

(1)　生産調整と助成

　生産調整は具体的な法律の条文に基づく制度ではなく、かつては、全国一律の要件により転作面積を配分する方式で行われてきましたが、農業者の主体的な需給調整方式に移行し、さらに、2018年産からは、行政による生産数量目標の配分も廃止されます。

　農家の戸別所得補償制度に由来する米に対する直接支払は、7500円/10ａを最後に、2018年産から廃止されます。他方、転作作物の

図表10　米政策の主な経緯

国内措置	国境措置
1942　国による全量管理	
	1993　UR合意　関税化の特例措置
1995　国は備蓄運営に限定	
	1999　関税化
	2000〜MA米76.7万玄米トン
2007　品目横断的経営安定対策	国家貿易制度維持
担い手に支援	輸入差益上限は292円/kg
2009　米トレサ法	
2010　個別所得補償、直接支払	
1.5万円/10a	
2013　担い手に支援	
2018　行政の生産調整廃止	

作付への助成は拡大しており、補助金により所得を補償して飼料用米等を作付拡大する水田活用直接支払交付金（上限値10.5万円/10a）は継続します。

　また、米の経営所得安定対策として、生産者と国が１：３の割合で拠出した基金から、米価下落等による収入減少の影響を緩和（９割補てん）する対策等が講じられています。

⑵　国境措置

　UR交渉では例外なき関税化が合意されましたが、米については、わが国にとっての非貿易的関心事項の重要性を考慮して、関税化の場合と比べ加重した、MA（ミニマムアクセス）機会を受け入れ、関税化の特例措置を適用することとしました。MAとは、1993年の農業合意において定められた１年間に輸入しなければならない農産物の最低限度数量のことで、2000年まで年々増加することに

なっていました。実施期間中に関税措置に切り替えると、それ以降のMA数量の増加を半分に抑えられること、きわめて少数の国しか適用していない関税化の特例措置に固執すれば次期交渉に影響を及ぼすこと等から、1999年度から米を関税化しました。これにより、2000年度のMA76.7万玄米トンが2001年度以降も継続されることになり、現在もMA量は76.7万玄米トンです。米については、国内の米作農家を保護するため、国家貿易制度、関税割当制度を活用しています。

　国家貿易は、**食糧法**第30条に定められており、また、関税割当制度とは、一定数量までの輸入は低い税率を適用し、一定数量を超える場合に超過分に対して高い税率を適用するという二重税率制度です。高い税率が適用される輸入米は国内販売価格が高くなり、結果的に輸入量が抑えられます。

⑶　流通規制

　米については、政府による全量管理を行っていた**食管法**のもとで、流通規制も行われてきましたが、新しい**食糧法**のもとでは、流通規制が原則撤廃されました。

　その後、事故米（残留農薬検出等で食用に適さなくなったMA米）への対応と米余り対策としての新用途（米粉用、飼料用等）利用促進を契機として、流通監視のあり方が議論されました。消費者にとっては、食品としての安全性を欠く米の流通過程からの排除が関心事でしたが、定められた用途外に流用されることによる主食用米市場の混乱を回避することも、重要論点でした。

　2009年の**食糧法**の改正により、米の出荷、販売事業を行う者の遵守事項を定め、主食用以外に用途が限定された用途限定米の用途外

使用に罰則を科すこととしました（第7条の2、第7条の3、第56条）。また、有害物質を含むなど食用不適米について厳格な区分管理の徹底を求めていますが、食用不適米かどうかは、一義的には事業者自らが判断すべきものとされています。

食糧法の改正とともに、**米穀等の取引等に係る情報の記録及び産地情報の伝達に関する法律**が制定されました。**米トレサ法**と略称されています。

　3　麦

日本の食料供給熱量に占める小麦の割合は14パーセント程度にまで上昇してきており、米の2割強に接近しています。ところが、国内産は70万トン程度にすぎず、残り約500万トンはアメリカ、カナダ、オーストラリアからの輸入に頼っています。半世紀前には3割弱を国産でまかなっていました。この40年間、1人当たりの年間消費量は30kg強の横ばいで推移しています。

家計調査による米とパンの支出金額は、2009年にパンが米を超え、その差は開く傾向にあります。

麦には、小麦以外に大麦、はだか麦もありますが、米の代替品として消費されていた半世紀前と比べると大きく減少し、大麦、はだか麦の1人当たりの年間消費量は300g程度です。ビール、焼酎に使われる二条大麦は国産とオーストラリア産で、押麦、麦茶に使われる六条大麦は国産とカナダ産で、味噌の原料となるはだか麦は国産で、それぞれまかなわれています。

麦は、米と並ぶ主要な食糧として、**食管法**、その後継の**食糧法**が、政府の買入れ、輸入、売渡しなどについて規律しています。

⑴ 国内助成

　国内産麦については、**食糧法**制定後も1999年産までは、生産者の申込みに応じて政府が無制限に買い入れることにより、生産者の販路を確保し最低価格を保証する間接的統制が続けられましたが、2000年産からは、生産者と実需者が品質評価を反映した直接取引を行う民間流通に移行し、あわせて、生産者の経営安定を図る麦作経営安定資金制度を導入しました。麦作経営安定資金制度は、その後、経営所得安定対策に発展的に移行しています。

　販売農家約4万戸が生産する国内産小麦は、種をまく前に、約3割について入札が行われ、残り7割については、入札で形成された価格を基本とする相対取引で、製粉企業に売られ小麦粉となり、さらに、製パン企業、製麺企業、スーパー、外食産業に売られます。

⑵ 国境措置とTPP合意

　小麦、大麦とも、かつては輸入数量制限を行っていましたが、UR決着時に国家貿易制度を維持しつつ関税化し、小麦については、国家貿易による一元輸入分は無税で現在輸入差益（政府が輸入する際に徴収している差益、マークアップ）上限45円/kg、国家貿易以外の枠外税率は上限55円/kgとなっています。法的な根拠は米と同様であり、**食糧法**第43条や関税関係法律です。

　TPPでは、現行の国家貿易制度、枠外税率を維持したうえで、新たに、アメリカ、オーストラリア、カナダにSBS方式（同時売買方式）の国別枠を新設することとなっています。既存のWTO枠内の輸入差益を9年目までに45パーセント削減し、新設する国別枠内の輸入差益も同じ水準に設定しています。

(3)　外国産麦の輸入と売渡し

　外国産麦は国内産麦で不足するものと品質的に国内産麦で対応できないものについて、需要者の要望に応じて政府が一元的に輸入しています。輸入先国はアメリカ、オーストラリア、カナダ等であり、かつて、オーストラリア、カナダでは一元的な輸出管理を行っていましたが、自由化が進められています。

　外国産麦の売渡制度は、2007年4月から、過去の一定期間における買入価格の平均値に年間固定の輸入差益（政府管理経費と国内産生産振興対策経費に充当）を上乗せした価格で売り渡す相場連動制に移行しました。これにより、国際穀物相場や為替の動向に連動して売渡価格が変動することとなりました。

4　畜産物

　日本の畜産物消費は戦後急速に伸び、1965年以降の半世紀を、1人当たり供給食料でみると、肉類、牛乳・乳製品とも、2倍以上に伸びています。最近の牛肉：豚肉：鶏肉の消費量は、おおよそ1：2：2となっています。

　飼料を考慮に入れない食肉の国内生産比率は約6割、個別にみると牛肉約4割、豚肉5割、鶏肉6割強、牛乳・乳製品6割、鶏卵9割強となっています。

　家畜を飼育するための飼料を輸入穀物等に大きく依存しており、その点を加味した純粋な意味での国内自給率はほぼ下がり続け、現在は肉類1割、牛乳・乳製品3割弱です。飼料自給率はこの20年あまりほぼ同水準にとどまっており、結果として、世界的な穀物高騰時の影響を畜産農家が被ることとなりました。

図表11　牛肉政策の主な経緯

国内措置	国境措置
1961　畜産物価格安定法	
	1978　輸入枠拡大合意（GATT東京ラウンド） 　　　　1984実施
1988　肉用子牛特措法 　　　　輸入関税相当額を財源とする	1988　数量制限撤廃合意（日米、日豪） 　　　　1991自由化実施、関税段階的引下げ
	1993　UR合意 　　　　2000以降関税38.5% 　　　　生鮮肉等輸入量一定超で50%に
2017　畜産経営安定法 　　　　肥育経営向け制度を法制化	2016　TPP署名 　　　　16年かけて関税9%に

(1)　法制度の枠組み

　戦後の畜産業の発展を支えたのが、法的な枠組みと各種の事業です。基本的な枠組みは、改正されながら、現在も維持されています。

　酪肉振興法（1954年）では、生産近代化のための基本方針を定めるといった概括的なことのほか、国産牛乳の消費増進のための学校給食事業や肉用子牛の価格下落時に生産者を支援する事業に援助するなどの具体的な事項が定められています。

　畜産物の価格安定制度を定めていたのは、**畜産物価格安定法**（1961年）です。バター、脱脂粉乳等の乳製品と豚肉、牛肉について、あらかじめ定められた水準を下回って価格が低落した場合に、

図表12 乳製品政策の主な経緯

国内措置	国境措置
	1951　ナチュラルチーズ輸入自由化
1961　畜産物価格安定法 1965　加工原料乳不足払法 　　　　加工用乳への補てん 　　　　輸入乳製品からの調整金徴収	
	1986　農産物12品目GATT違反提訴（アメリカ） 　　　　→10品目（プロセスチーズ等）違反の裁定 1989　プロセスチーズ輸入自由化 1993　UR合意、バター・脱脂粉乳等自由化 　　　　国家貿易制度維持（独立行政法人が管理） 　　　　国家貿易分以外は関税割当制度
2017　畜産経営安定法 　　　　加工原料乳不足払制度の中身を変更し取込み	2016　TPP署名 　　　　バター・脱脂粉乳にTPP枠新設

独立行政法人農畜産業振興機構が買い入れることができ、価格が一定水準を超えて騰貴した場合に売渡しができることとしています。乳製品については、後述する加工原料乳不足払法の制定により、制度そのものの意義が低下しました。食肉については、存続してきましたが、近時、同法に基づく買入れ、売渡しを行う事態は発生していません。畜産振興事業団が1961年の設立以来、制度を運営してき

ましたが、何度かの組織統合を経て、現在は、独立行政法人農畜産業振興機構がその役割を担っています。**TPP関係法律整備法**により、**畜産物価格安定法**は改正され、**畜産経営安定法**（2017年）になりました。

1988年に合意した日米農産物交渉で、かんきつと並んで牛肉も自由化することになり、**肉用子牛特措法**が制定されました。当分の間、**酪肉振興法**で定められた肉用子牛価格安定事業を農畜産業振興機構が行うこと、牛肉の輸入関税相当額を食肉関係の畜産振興経費の財源とすることなどが定められています。

酪農関係で重要な法律は1965年に制定された**加工原料乳不足払法**です。牛乳の生産者価格は、飲用向けとバター等加工向けで異なる価格とならざるをえず、当分の間、飲用向けに比べ価格の安い加工原料乳に対し補給金を交付することを定め、また、バター・脱脂粉乳等の乳製品の輸入に関しても定めるとともに、これらの業務を前述の農畜産業振興機構に行わせることとしています。いずれの法律も、当分の間の措置ながら、20年以上経過していましたが、加工原料乳に関する制度は、**畜産経営安定法**に、中身を変更のうえ、恒久的な制度として位置づけられました。

飼料の需給と価格の安定を図るため、**飼料需給安定法**が1952年に制定され、毎年定められる飼料需給計画に従い、大麦と小麦で、100万から200万トン程度の政府による買入れと売渡しを行っています。また、不測の事態に備えて、とうもろこしとこうりゃんを配合飼料メーカーに保管委託して、備蓄しています。

⑵　畜産経営安定のための生産支援制度

日本の牛肉生産は、従来から、子牛を生産する繁殖経営と子牛を

育てる肥育経営に分かれていることから、繁殖経営向けと肥育経営向けに分けて制度が実施されています。

　牛乳乳製品関係では、牛乳の生産者価格は、飲用向けに比べ、非飲用向けは価格が低く、また、バター・脱脂粉乳等向け、チーズ向け、クリーム向け等、一物多価となっていることから、加工原料乳に関する制度が実施されてきています。加工原料乳生産者補給金は、実際には、指定生乳生産者団体といわれるブロックごとの10農業協同組合連合会等が各生産者から農協等を通じて全量委託を受け、各乳業メーカーと交渉し、用途別価格を決めて販売するシステム（一元集荷多価販売）がとられてきました。同じ指定団体下の生産者は、生乳販売額（用途別販売額の合計）に政府からの補給金を加えたものの平均単価（プール単価）によって、同一単価で計算された代金が支払われてきました。経営者としての創意工夫が反映されるように、農業競争力強化プログラム実施のための法整備が行われ、指定団体を経由しない加工原料乳にも補給金を交付するなどの制度改正が行われています。

(3)　**国境措置とEPAへの対応**

　牛肉、豚肉、乳製品とも、過去からの貿易交渉の結果として、輸入数量制限は撤廃されましたが、国家貿易制度、関税割当等は実施されています。日豪EPA、TPP、日EU・EPAにおいても、国境措置の基本構造は維持されました。

(4)　**今後の展望**

　畜産は、たんぱく質の供給源として重要な役割を担っており、また、専業農家比率が高いことから、的確な政策支援が重要であり、毎年、多額の財政投入が行われてきました。しかしながら、農家数

は、畜産やその他の作目との重複を含めて、おおよそ乳用牛が1.7万戸、肉用牛が5.2万戸、豚が5千戸、鶏が2千戸にまで減少しています。日本の農業のなかで畜産をどのように位置づけるのか、米を含めた国内資源を家畜飼料としたうえで排泄物は土壌に有効に還元する耕畜連携を真に進めるためにどうするのか等、本質的な問題に踏み込みつつ、長年続けてきた政策体系、政策支援体制を引き続き検証し、限られた財源を有効に活用することが重要です。

5 野 菜

カロリーをとることを主目的とする食物ではありませんが、ビタミン、ミネラル、食物繊維をとるために欠かすことのできない野菜の、国内農業産出額に占める割合は27パーセントと、17パーセントの米を超えています。また、農業粗収益でみた主業農家（農業所得が農家所得の50パーセント以上で、65歳未満の自営農業従事60日以上の世帯員ありの農家）の割合も8割弱と高くなっています。保存期間が短いこともあり、国内自給率が8割弱と高いものの、近年、加工用業務用野菜を中心に、中国等からの輸入が徐々に増える傾向にあります。

(1) 法 制 度

生育期間が短く、年数回の収穫が可能な品目も多いこと、重労働を伴うものの工夫次第で安定収入が得られること等から、政策的な介入が少なかったがゆえに、自由な発展を遂げてきました。

野菜生産出荷安定法（1966年）に基づき、国民生活上重要な野菜の計画的な出荷、豊凶に伴う需給調整を推進するとともに、あらかじめ積立金を納付して申込みを行った農業者に対して、野菜の価格

の著しい低落があった場合に生産者補給金を交付する制度が実施されてきました。農畜産業振興機構が制度を運用しており、国からの補助金が投入されていますが、価格安定制度以外の助成を含めても、野菜生産関係の助成額は野菜生産額の5パーセント以下であったため、URのルール上削減対象外になりました。

(2)　国境措置

野菜については、保存期間が短く、加えて、植物防疫上の問題で、そもそも輸入がむずかしかったこともあり、一部品目を除き、輸入は自由化され、関税も低く設定されていました。1960年代にしょうが、たまねぎ、にんにく等が自由化され、最後に、日米農産物交渉における12品目のなかに含まれたトマト加工品（トマトジュース、トマトケチャップ・ソース）が1989年に自由化されました。

現行の関税は、生鮮野菜がおおむね3パーセント、冷凍野菜がおおむね8.5パーセント、調製野菜が10から20パーセント程度（加糖品は20パーセント超）です。トマト加工品のうち、一部のトマトピューレ、トマトペーストには関税割当制度が採用されていますが、枠外税率は16パーセントであり、割当外の輸入も多くなっています。

DR交渉のモダリティとの関係では、最も低い関税率の分類に属するものが多く、他品目に比べれば、大きな懸念対象ではなかったものの、加工度が上がるに従い関税率が高くなるタリフエスカレーションに関する議論で、6パーセントの削減追加が議論され、トマト、しょうが等が対象となっていました。

TPPでは、関税割当を行っているトマト加工品について、6年かけて枠外税率を削減し、関税を撤廃するとともに、関税割当を

行っていないトマト加工品について、6から11年かけて関税撤廃するほか、生鮮野菜輸入の相当部分を占めるたまねぎのうち、現行無税以外のものについて、6年かけて関税を撤廃することとなりました。

⑶　**野菜の消費**

　野菜消費と健康との関係について科学的根拠を伴う議論が進められているなか、日本の野菜消費量の減少、とりわけ、若年層や低所得層での消費量の減少は大きな問題と認識されつつあります。その背景の一つとして、野菜関連の消費者価格が必ずしも安くないことに加え、最近の異常気象発生の高頻度化に伴う価格変動等が考えられます。

　野菜の価格も、他の農業生産物と同様、農業生産を支える生産資材、流通加工構造等の事情に左右されることから、現在進められている農業競争力強化プログラムが着実に実施され、野菜生産者の所得が確保され、持続可能な野菜生産が行われるとともに、消費者に合理的な価格で提供されることが重要です。

　6　大　　豆

　大豆は、摂取カロリーに占める割合は高くないものの、貴重な植物性たんぱく質源である豆腐、味噌やしょうゆ等の原材料として、日本人の食生活にとって非常に大事な存在です。しかしながら、大豆の国内自給率は7パーセント、油糧用を除いた食品用では3割弱です。天候要因や商品市場への投機マネー流入等による穀物高騰のときだけでなく、中国をはじめとする新興国における需要の高まりのなかで、日本の大豆調達、とりわけ非遺伝子組換え大豆の調達が

むずかしさを増しているといわれています。

　大豆の輸入が自由化された1961年、**大豆交付金暫定措置法**が制定され、生産者の再生産を確保する基準価格と標準販売価格との差額を国が交付金として交付する制度を設けていましたが、若干の制度変更を経て、品目横断的経営所得安定対策で大豆もカバーされることとなり、2007年に旧法は廃止され、新制度に移行しました。

　大豆は、貴重なたんぱく源であり、世界の生産量に占める国際貿易量は2割程度ともいわれていることから、引き続き、国内の安定供給体制を強化していかなければなりません。

　輸入自由化された1961年には、大豆の関税は4.8円/kg（従価税換算で13パーセント）でしたが、ケネディラウンドを経て1972年までに0円に引き下げられ、協定税率が無税となったのは1980年のことです。

■ 7　砂　糖

　現在、砂糖がつくられる元となる農産物はさとうきびとてん菜（砂糖大根）ですが、日本では、沖縄と鹿児島でさとうきびが、北海道でてん菜が栽培され（甘味資源作物といわれています）、それぞれの地域における基幹的な農産物となっています。

　粗糖、砂糖は国際相場商品でもあり、相場の変動幅が大きく、7割を輸入に頼る日本は影響を受けてきました。最近では、2006年以降の国際的な穀物相場等の高騰に連動して、価格が高騰しました。

(1)　制度の枠組み

　1963年に粗糖が輸入自由化されたことを受け、国内の甘味資源作物の最低生産者価格を設定し、必要に応じて政府買入れを行うこと

により、国内産糖の価格支持を行うため、1964年に**甘味資源特別措置法**が制定されました。さらに、1965年には、糖価安定事業団による売買を通じて輸入糖の価格調整と国内産糖の価格支持を行う**砂糖の価格調整に関する法律**が制定されました。

　その後、価格が安く、低温下で甘味度の増す異性化糖（でん粉から酵素反応を利用してつくられるブドウ糖と果糖を主成分とする液状糖）を製造する技術が確立し、清涼飲料、冷菓等への使用が始まり、1950年代に生産消費が増えたことから、異性化糖も事業団売買の対象となりました。同事業団の役割は、何度かの組織統合を経て、現在は、畜産、野菜の業務も行っている農畜産業振興機構に引き継がれています。

　経営所得安定対策の導入に伴い、てん菜は品目横断対策の対象となり、砂糖分野での対応のために、2006年に法律が改正され、**砂糖でん粉価格調整法**が施行されました。輸入糖等から調整金を徴収するとともに、調整金と国からの交付金を財源として国内産糖とその原料になるさとうきび、てん菜生産に政策支援する糖価調整制度の基本構造に変更はありません。最低生産者価格は廃止され、原料作物の取引価格は、生産者と砂糖生産事業者との事前の取決めに基づき、当事者間で決めた比率によって製品の販売価格を分配する方式に変わったとされますが、消費者にはその実態はわかりません。農畜産業振興機構により徴収された調整金は、てん菜生産者に対しては、機構から国に納付されたうえで、経営所得安定対策のなかで交付されますが、他方、さとうきび生産者と国内産糖製造事業者に対しては、機構から直接交付されます。

⑵　国境措置等

　粗糖は1963年にすでに自由化され、1965年以来、調整金が徴収されており、関税は、調整金40.5円/kgを含めて、71.8円/kgです。関税割当制度をとっていないため、DR交渉で、重要品目とすることができるのかどうかが注目されていました。

　精製糖は、21.5円/kgの関税と調整金をあわせて、103.10円/kgが徴収されています。

　輸入糖から調整金を徴収して、調整金と国からの交付金を財源として国内産糖とその原料になるさとうきび、てん菜生産に政策支援していますので、関税水準の引下げにより調整金の徴収がむずかしくなると、国内産糖とてん菜、さとうきび生産への影響は甚大となります。

　2015年1月に発効した日豪EPAでは、一般粗糖、精製糖は、将来見直すこととされるとともに、高糖度粗糖（精製糖製造用）について、一般粗糖と同様に無税とし、調整金水準は糖度に応じた水準に設定することとされました。

　TPPでは、現行の糖価調整制度を維持するとともに、高糖度（糖度98.5度以上99.3度未満）の精製用原料糖に限り、関税を無税とし、調整金を少額削減すること、糖価調整制度枠外の加糖調製品（加糖ココア粉、チョコレート菓子など）について、品目ごとにTPP枠を設定することなどが盛り込まれました。これを受けて、**TPP関係法律整備法**（2016年）で、**砂糖でん粉価格調整法**等が改正され、機構が、新たに、輸入加糖調製品（ココア調製品等）から調整金を徴収し、これを財源として、国内産糖への支援に充当することとなりました。

8 でん粉

砂糖と深くつながっているのが、でん粉です。でん粉から糖化製品を製造する技術が開発され、でん粉の用途としては、現在、3分の2が糖化製品に向けられ、残りは、食品、非食品に幅広く使われています。でん粉そのままで、片栗粉、水産練製品、麺類、ビールや化粧品等に利用され、また、加工したうえで、インスタント食品、冷凍食品、調味料、粘着テープ、製紙などに使われています。

でん粉の原料となるのは、穀類、いも類、根、茎、豆類とこれまた幅広いのですが、わが国のでん粉供給量のうち8割強を占めるのが、輸入とうもろこしを原料とするコーンスターチであり、国内産いもでん粉は1割弱です。そのうちの8割が北海道産ばれいしょ（じゃがいも）でん粉、2割が鹿児島県と宮崎県のかんしょ（さつまいも）でん粉です。さつまいもとじゃがいもは、単位面積当たりの供給熱量が大きく、輸入食料の途絶など不測自体における役割が重視されています。

(1) 制度の枠組み

1953年制定の**農産物価格安定法**に基づき、いも生産者に対し最低生産者価格を保証してきましたが、経営所得安定対策の導入、**砂糖でん粉価格調整法**の制定を機に、廃止されました。

でん粉は、いわゆる農産物12品目に含まれ、UR合意に基づき、関税化された品目です。関税割当制度のもとで、コーンスターチ製造事業者等に対し、国内産いもでん粉の引取りを条件に、コーンスターチ用輸入とうもろこし等の関税を無税とする一次関税枠を割り当てていました。でん粉の抱合せといわれたものです。

2006年の**砂糖でん粉価格調整法**で、でん粉に関する価格調整制度が創設されました。抱合せを廃止し、従前の負担関係を変更することなく、国際規律の強化に対応しうる制度に移行するため、コーンスターチ用輸入とうもろこし等から新たに調整金を徴収する仕組みを導入しました。また、でん粉製造時業者が買い入れる際の最低生産者価格を廃止し、生産者と製造時業者の取決めに基づきとり分が決定されることとなりました。砂糖と同様の制度を導入したわけですが、国費が投入されている砂糖の制度とは違って、調整金収入だけが、生産者交付金の財源となっています。

　新たに徴収されることとなった調整金は、農畜産業振興機構により徴収され、でん粉原料用ばれいしょ生産者に対しては経営所得安定対策のなかで交付されますが、でん粉原料用かんしょ生産者と国内産いもでん粉製造事業者に対しては、機構から直接交付されます。

　日本のでん粉需要の8割をまかなっている輸入とうもろこしは、その9割を依存しているアメリカにおいて、バイオエタノール用原料としての需要が増したこと等により、価格が高騰してきましたが、でん粉の内外価格差は輸入とうもろこしを原料とするコーンスターチに対して、国内産ばれいしょでん粉で2倍弱、かんしょでん粉で2倍強程度といわれています。いも生産段階でのコスト削減とともに、国内産いもでん粉工場の生産性向上も急務となっています。

⑵　**国境措置**

　でん粉は、UR合意に基づき、関税化された品目であり、16.7万トンの関税割当枠内について、糖化用等については調整金、それ以

外は税率25パーセント、枠外税率は119円/kgとなっています。

　コーンスターチ用とうもろこしについては、輸入の大半がアメリカからであり、50パーセント又は12円/kgのうち高い税率と調整金が徴収されています。日米合意に基づく関税割当内は調整金のみが課されています。

　関税水準の削減は、輸入とうもろこしからの調整金収入の減少を招き、調整金収入を財源とする国内産いもでんぷんへの支援制度が影響を受けるなどの問題があります。また、WTO協定上譲許していないコーンスターチ用とうもろこしは、重要品目としての取扱いをめぐっては、砂糖と同様の問題があります。

　TPPでは、制度の枠組みは維持され、TPP参加国を対象とした現状をふまえた関税割当枠の設定等が盛り込まれました。

　じゃがいも、さつまいもは、生鮮用にそのまま出荷されるだけでなく、じゃがいもはポテトチップス等の加工食品に、さつまいもは焼酎等にも仕向けられています。でん粉をめぐる国際情勢等に鑑み、他の農産物と同様、需要に即した生産や農業者自らが用途をつくりだしていくことも重要な視点となっています。

■ 9　経営所得安定対策

　2005年策定の食料・農業・農村計画において、2007年から品目横断的経営安定対策を導入することが明記されました。UR合意に整合する政策体系の確立を目指して、品目ごとの価格に着目して講じてきた対策から、農業の担い手を絞り、経営全体に着目した対策に転換しようとするものでした。

⑴ 法的な枠組み

　新基本法の第2章「基本的施策」第3節「農業の持続的な発展に関する施策」の第22条で、「国は、専ら農業を営む者その他経営意欲のある農業者が創意工夫を生かした農業経営を展開できるようにすることが重要であることにかんがみ、経営管理の合理化その他の経営の発展及びその円滑な承継に資する条件を整備し、家族農業経営の活性化を図るとともに、農業経営の法人化を推進するために必要な施策を講ずるものとする」と定め、第30条では、「国は、消費者の需要に即した農業生産を推進するため、農産物の価格が需給事情及び品質評価を適切に反映して形成されるよう、必要な施策を講」じ、また、「農産物の価格の著しい変動が育成すべき農業経営に及ぼす影響を緩和するために必要な施策を講ずるものとする」としています。

　2005年に制度の骨格を示す大綱が定められ、2006年**担い手経営安定法**が制定され、2007年産から実施されました。事業は、予算措置の裏付けのもとで、実施要綱に基づき実施されていますが、制度の基本部分は法律に規定されています。対象農産物は米穀、麦、大豆、てん菜、でん粉製造用のばれいしょ等です（第2条第1項）。一定の基準を満たす認定農業者、集落営農組織等で、環境と調和のとれた農業生産に関する基準を遵守している等の要件を満たす対象農業者（第2条第4項）に対して、生産条件に関する不利を補正するための交付金（第3条）と農業収入の減少が農業経営に及ぼす影響を緩和するための交付金（第4条）を交付すること等が定められています。

⑵ 対策の概要

　生産条件不利補正対策は、諸外国との生産条件の格差により不利がある農産物（麦、大豆、てん菜、でん粉製造用ばれいしょ、菜種）について、生産コストと販売額の差に相当する額を直接交付します（ゲタ対策）。

　収入減少影響緩和対策は、収入減少による農業経営への影響を緩和し、安定的な農業経営ができるよう、国費3、農業者拠出1の比率による積立金から、減収額の約9割を補てんするもので、主食用米、麦、大豆、てん菜、でん粉製造用ばれいしょを対象とします（ナラシ対策）。

⑶ 農業者戸別所得補償制度と再度の経営所得安定対策

　政権交代に伴い、2010年度から、戸別所得補償制度が実施されましたが、再度の政権交代直後の2013年産は、経営所得安定対策の名称が復活したものの、2012年産と基本的には同じ枠組みでの助成が実施されました。その後、2013年11月に決定した農政改革で、規模で限定しないものの、担い手に対象を限定し、米の直接支払について、2014年産から半減することを決定しました。

Q 1　UR交渉では何が決まったのですか

ポ|イ|ン|ト　UR交渉の結果WTOが設立されるとともに、国境措置、国内支持、輸出競争の３分野からなる農業と貿易に関する国際ルールが確立しました。

解　説

　GATT・UR交渉の結果合意された**WTO協定**により、WTOが1995年に設立されるとともに、貿易に関連するさまざまな国際ルールが定められました。UR農業交渉において、農業と貿易に関する問題点を整理し、考え方のフレームが初めてつくられました。国境措置、国内支持、輸出競争の３分野で、具体的かつ拘束力のある約束を作成し、1993年に終結し、1995年から2000年までの６年間で実施することが合意されました。このため、国内法制度を変更することが必要となりました。

　わが国には該当する輸出補助金はなかったのですが、輸出競争分野では、輸出補助金を金額で36パーセント、対象数量で21パーセント削減することも決まりました。

国境措置については、原則として、全ての輸入数量制限等の非関税措置を関税化し、関税相当量（国内卸売価格と輸入価格の差）を設定し、関税化品目を含めた農産物全体の譲許税率（国際的に約束した上限税率）を平均36パーセント、品目ごとの最低15パーセントを1995年から2000年までの6年間、毎年同じ比率で削減することが決まりました。関税化した品目については、基準期間（1986年から1988年）における輸入実績又は輸入割当枠に基づいて設定したアクセス機会（輸入量）を維持又は拡大することも決まりました。米に関しては、関税化の特例措置を適用しましたが、1999年に関税措置への切替えを行い、これをもって、全ての農産物を関税化しました。輸入数量制限撤廃後も、国家貿易制度、関税割当制度等は実施されています。

　国内支持の分野では、政府の政策に基づく内外価格差支援などの最も貿易歪曲的な国内助成（黄の政策）については、助成の水準（正確には助成合成量）を20パーセント削減することとなり、これに該当する小麦、大麦、大豆等に関する価格制度は見直すこととなりました。

Q 2

WTO・DR交渉はどうなっていますか

ポイント WTO・DR交渉では、農業分野の交渉が最も進んでいましたが、交渉全体がこう着状態にあります。ただ、EPA、FTAでは、WTOでの議論の内容が参考とされている面があります。

解　説

現　状

　WTO・DR交渉は、農業部分を含めて、こう着状態にあり、先進各国等の関心はTPPを含むEPA、FTAに移っています。とはいうものの、WTOの枠組みをにらみつつ、EPA、FTAの交渉が進められていることも事実です。DRでは、農業以外にも、非農産品市場アクセス、サービス等の交渉分野がありますが、農業が、最も議論が進んでいました。UR交渉終了時の取決めにより、DR立上げ（2001年）に先立ち、2000年に農業交渉が開始され、2004年の枠組み合意を経て、モダリティ確立を目指していましたが、いまだ合意に至っていません。

　枠組み合意では、基本的な事項が決定されており、たとえば、市場アクセス分野で一般品目のほか、重要品目（英語では、センシティビティ）を設定すること、重要品目は一般品目より緩やかな関税削減と関税割当の拡大の組合せで市場アクセスの改善を図ること等が決まりました。モダリティの確立とは、重要品目の数は何パーセン

トとするか、重要品目の関税削減率は一般品目の何パーセントとするかといった公式をたてることです。交渉は、モダリティ確立を経て、そのモダリティに従って、個別の品目ごとの関税率等を記載した譲許表を各国が作成する手順へと進みます。

農業交渉のフレーム

　農業交渉は、URにおいて整理されたのと同じく、DRにおいても、基本的には３分野、すなわち、国内補助、市場アクセス、輸出補助に分かれて、議論されてきました。

　国内補助については、URで分類が行われ、貿易に悪い影響を与えるもの（貿易歪曲的との表現がなされる）について一定の削減が義務づけられ、現在の交渉でも、さらなる削減が議論されています。緑の政策（貿易歪曲性がないか最小限で削減対象にならない）、青の政策（直接支払のうち、特定の要件を満たすもの（生産調整）は削減対象にならない）、デミニミス（貿易歪曲的な国内助成のうち、補助金額が生産額の５パーセント以下のものは削減対象とならない）、黄の政策（最も貿易歪曲的な国内助成で、政府による内外価格差支援、直接支払などで、削減対象となる）に分類されています。

市場アクセス

　日本の農業関係者の最大関心分野は市場アクセスです。URにおいて国境措置は全て関税化されたため、関税の削減率や関税割当が最大の焦点となっていました。

　2008年12月の農業交渉議長による案では、一般品目について関税率75パーセントを超えるものの関税削減率は70パーセント、100

パーセントを超える高関税品目には関税割当枠の追加拡大等が必要とされていました。また、各国が国内農業で保護する重要品目については、全品目の4パーセント、条件・代償付きで2パーセントの追加が可能としています。また、現在、関税割当を実施していない品目を重要品目に指定できるかどうかについては両論併記となっています。重要品目について、一般品目に比べて関税削減率を3分の1とする場合には、国内消費量ベースで低関税輸入枠を4パーセント拡大することが必要としています。

　重要品目は最低で8パーセント必要だ、現行制度で関税割当制度のない砂糖について重要品目としての特例の対象となるよう関税割当の新設を認めるべきだ、等の議論を日本政府が主張していると報じられていました。

EPAで農業分野がクローズアップされる理由は何ですか

ポイント
　EPA、EPAの一つであるTPPでは、幅広い分野が交渉対象になっていますが、関税の原則撤廃が基本とされるなかで、国際競争力に欠ける農業品目のある日本は、例外品目を設ける必要があるため、交渉において注目されます。

解　説

　WTOは、世界160以上の国・地域が加盟し、**WTO協定**の実施、運用を行うと同時に、新たな貿易課題への取組みを行い、多角的貿易体制の中核を担っています。一方、EPA、FTAは、二国間又は数カ国間で取決めをするものです。FTAは二国間等で関税を相互に原則撤廃することを取り決める協定、EPAは関税の原則撤廃に加えて、知的財産の保護、競争政策、人の移動、技術協力などの幅広い分野を含む協定を指すことが多いのですが、最近はFTAも幅広い分野を含むものが多くなっており、EPAとFTAの違いは明確ではないといわれています。TPPもEPAの一つです。

　WTO交渉が停滞するなかで、地域・世界経済成長への寄与、世界のルールづくりの先導役として、先進国等がEPAに期待するものは大きく、貿易総額に占めるFTA相手国（発行済国及び署名済国）の貿易額の割合を示すFTA比率は、日本40パーセント、アメリカ47.5パーセント、EU33パーセント、韓国67.9パーセントとなって

います（2017年7月）。

　また、品目ベースの自由化率（10年以内に関税撤廃を行う品目が全品目に占める割合）をみると、日本が締結したEPAでは、農産物等に例外品目を設けており、85から88パーセント程度である一方、アメリカ、EU等の自由化率は日本より高くなっています。こうした事情が、世界第１位の経済大国アメリカと今後も成長が期待される環太平洋地域の国々によるTPP交渉合意に向けて、日本が、厳しい農業分野の交渉を行った背景です。

Q 4

MA米輸入の実態はどうなっていますか

ポイント
MA米は、無税ですが、一定の差益が徴収されており、食用非食用に仕向けられています。

解　説

　食糧法第30条等に基づき輸入される MA米は、**関税暫措法**別表第一の暫定関税率表で、無税となっていますが、WTOで合意された政府への納付金として、**食糧法**第30条で、国際約束に従って農林水産大臣が定めて告示する額である１kgにつき292円（輸入差益上限）が税関により徴収されます。

　なお、MA以外で輸入される米の税率は、**関税暫措法**別表第一の三の段階的に暫定税率の引下げを行う農産物に係る暫定税率表により、１kgにつき49円であり、納付金292円とあわせて、341円（枠外税率）が協定税率となります。基本税率は402円です。

　毎年輸入される MA米については、おおよそ、主食用10万トン、味噌、焼酎、煎餅等の加工用15万から30万トン、援助用10万から20万トン、飼料用30万から40万トンに仕向けられているといわれています。

　政府が全量を買い入れ、一部は、あらかじめ売買先を特定して輸入する同時売買方式（SBS方式）をとりますが、大半のものは市場の状況をみて、販売しています。MA米の在庫量は100万トン未満

ですが、制度運用のための財政負担は年間300億円を超えていると
もいわれています。

Q 5　米トレサ法に課題がありますか

ポ｜イ｜ン｜ト　米、米加工品の取引、廃棄などについて記録を作成
し、保存すること等を求めており、今後のさらなる議論が望まれま
す。

■　　　　　　　　　解　説　　　　　　　　　■

米トレサ法では、米、米加工品（もち、清酒など）の取引、廃棄
などについて記録を作成し、３年間保存すること、産地情報を事業
者間で伝達し、消費者に伝えることを求めています。○○国産、△
△県産といった産地表示については情報伝達を義務化した一方、残
留農薬等の検査結果や安全性を欠くものの流通防止に関する事項の
記録作成、保存については、事業者の努力規定となっています（第
４条、第７条）。

　トレーサビリティとは、通常、生産、加工、流通の各段階を通じ
て移動を把握できることであり、トレーサビリティのリスク管理の
道具としての重要性に鑑みて、今後のさらなる議論が期待されま
す。

　わが国の食に関するトレーサビリティ関係法としては、ほかに、
牛の個体識別のための情報の管理及び伝達に関する特別措置法があ
ります。

　EUでは、2002年に施行されたGeneral Food Lawに基づき、す

べての食品飼料事業者に、食品・飼料・食用動物等について、どこから来て、どこに出したかトレーサビリティの確保を強制し、加えて、青果物、牛肉等、分野を特定した法律による規制を行っています。

麦をめぐる課題は何ですか

ポイント 輸入に大きく依存している麦については、消費者の納得を得られる輸入手続であることや国内の生産力強化が重要です。

解　説

　外国産麦の売渡価格の改定は、年2回行われていますが、2007年以来、国際相場の高騰、その後の大幅下落が、輸入麦政府売渡価格に迅速に反映されたのかとの問題提起があり、政府売渡ルールの見直しが検討されました。2010年10月から、輸入麦の日本到着後直ちに製粉業者等実需者に売り渡し、製粉業者等が備蓄を行うこととなっています。

　国内産麦は外国産と比べて、たんぱく質含有量にばらつきがある等品質面での課題があり、加えて、気候風土の問題があるとはいえ、単収等生産性で諸外国との格差が大きいと指摘されています。最近の国際価格の高止まりに、地産地消の促進やフードマイレージ（食料の生産地から消費地までの距離に量をかけたものの値が大きいほど地球への負荷が大きいという考え方）削減といった今日的な要請も加わり、自給率の低い小麦を中心に、国内産麦の生産振興の重要性が痛感されます。第二次世界大戦後の米偏重の生産対策や技術対策を見直し、麦の品種開発、生産技術対策を強力に進めることが重要です。

Q7 食肉の国境措置はどうなっていますか

ポイント 牛肉、豚肉とも、UR交渉以前に輸入自由化していま
したが、UR交渉において、基本的な構造は維持しつつ、保護水準
を下げました。

解　説

牛　肉

　牛肉は、かんきつと並ぶアメリカの関心品目であったことから、
1984年からの輸入枠拡大を経て、1991年4月から輸入自由化しまし
た。

　その後、関税を引き下げてきていますが、牛肉関税で特徴的なこ
とは、UR交渉において、自主的に暫定税率を38.5パーセントに引
き下げる代償として、緊急措置制度（いわゆるセーフガード）を導
入したことです。四半期末までの累計輸入量が前年の117パーセン
トを越えて増加したときは自動的に関税率が暫定税率38.5パーセン
トからWTOで認められた協定税率50パーセントに戻るというもの
です。2017年度第1四半期（4月から6月）の冷凍牛肉の輸入量が、
関税緊急措置の発動基準数量を超えたため、8月から年度末まで、
税率が50パーセントとなりました（**関税暫定法**第7条の5第1項）。
生鮮・冷蔵牛肉では2003年に発動されていますが、冷凍牛肉では
1996年以来のことです。

なお、**肉用子牛特措法**に基づき、牛肉の輸入関税相当額を食肉関係の畜産振興経費の財源としています。

豚　　肉

　豚肉については、1971年の輸入自由化を受けて、国内養豚業者の保護と消費者への豚肉の安定供給を目的に、差額関税制度が導入されました。差額関税とは、輸入価格が分岐点価格より安い場合に、輸入価格との差額を関税とする制度です。UR交渉の結果、差額関税制度を維持したうえで、基準輸入価格について譲許水準から引き下げるとともに、代償措置として、輸入量の急増に対して、分岐点価格を引き上げるための緊急措置を導入しました。輸入価格が、分岐点価格（部分肉）524円/kgを超える場合は従価税4.3パーセント、524円/kg以下の場合は基準輸入価格546.53円/kg（従量税482円＋64.53円）と輸入価格との差額を関税とします。WTO協定発効後の制度変更として、輸入価格が64.53円/kg以下では、482円/kgの重量税となっています。

　豚肉の差額関税制度は、中小だけでなく、大手輸入業者までもが、安い豚肉を関税の安い分岐点価格に近い価格で購入したとの虚偽申告による関税法違反の脱税事件で摘発されています。意図しない違法行為をも招きかねない複雑な制度の簡素化と透明性の確保が、貿易ルールとの関係で議論されてきており、基本構造が維持されたTPP後の動向が注目されます。

解 説

　乳製品は全ての輸入数量制限が撤廃されましたが、さまざまな制度は維持されています。一つが、プロセスチーズ原料用ナチュラルチーズの関税割当です。1972年から枠内税率を暫定税率で無税（国産：輸入＝1：2.5で使用することが条件、いわゆる抱合せ）としており、枠外税率はUR合意時に協定税率として譲許し、段階的引下げを行ってきました。現在、プロセス原料用、原料用以外とも、29.8パーセントです。

　日本では、加熱処理を加えず、チーズ中の乳酸菌や酵素などの活性がそのまま残っているチーズをナチュラルチーズといい、ナチュラルチーズを粉砕混合、加熱溶解し、チーズ中に含まれる乳酸菌や酵素などの活性を失わせてから成型したチーズをプロセスチーズといっています。プロセスチーズはアメリカ、日本で発達したもので、チーズの本場であるヨーロッパでは、そうした区別や概念は存在しないともいわれています。

　バター、脱脂粉乳等では、国家貿易が続けられています。UR合意で輸入数量制限を撤廃し、基準期間の輸入実績をもとに現行アク

セス数量を設定し、国家貿易と民間貿易の関税割当分に充てることとなりました。国家貿易分は農畜産業振興機構が生乳換算で13.7万トン分をバター、脱脂粉乳等で輸入しています。

　国家貿易分のバターの税率は35パーセントであり、調整金は**加工原料乳不足払法**（**畜産経営安定法**に引き継がれた）に基づき機構が徴収します。入札により決まる調整金は、実績で77円〜649円/kg程度です。民間貿易のバターは沖縄用等で、関税割当内の税率は35パーセントです。枠外税率は、29.8パーセントプラス179円/kgの関税と806円/kgの調整金、合計985円/kgを支払うことになる（従価税換算で360パーセント）ため、実績は限定的です。

　脱脂粉乳については、国家貿易分の関税は25パーセントと調整金32円〜238円/kg、関税割当枠外は21.3パーセントと396円/kg（従価税換算で218パーセント）を払います。

　機構が輸入する13.7万トン分については、その時々に必要とされるものを輸入しており、追加的な輸入も行われています。

バター不足はどうして起きたのですか

ポイント 牛乳からつくられるバターは、牛乳・乳製品全体の国内制度、国境措置のなかにあり、バター単品の需要に沿った供給ができる構造になっていないうえ、海外からの調達が機動的に行われる構造になっていないことも一因といえます。

解 説

1年1作が普通の穀物と違い、乳牛からの搾乳は毎日行われます。生産された牛乳そのものは長期保存できず、保存するためには、バター、脱脂粉乳、チーズ等への加工が必要です。そして、流通・加工のためには、一定の設備が必要です。長期的なトレンドでみると、飲料の多様化、人口減少社会への移行等さまざまな要因により、牛乳の消費は減少傾向にあります。チーズ、ヨーグルト等消費が増加傾向のものもありますが、生き物相手の酪農業にあっては、工業生産のような即効性のある生産調整が簡単ではないことから、生産調整には大きな困難を伴います。かつて、生産過剰となり、牛乳の廃棄処分が行われた際には、もったいないと議論されましたが、2008年以降は、バター不足が大きく取り上げられています。過剰でも不足でも問題となる牛乳生産のむずかしさを物語っています。

また、生乳は遠心分離するとバター（クリーム）と脱脂粉乳（脱

脂乳）になるので、バターと脱脂粉乳が同時に生産されますが、それぞれの需要が均衡するとは限りません。

　このような牛乳・乳製品を取り巻く事情、ロングライフ牛乳はあるものの、生鮮品でもある牛乳の特性もあり、乳製品に関する国境措置がとられています。このため、世界市場において、乳製品需給が緩み、乳製品価格が低下基調にあるときにも、安価な乳製品が機動的に輸入される構造とはなっていません。消費市場において、バター不足が発生するのは、国境措置が機能しているということでもあります。

TPP等発効で畜産物事情は変化しますか

ポイント
　日豪EPA、TPP、日EU・EPAでは、畜産物に関する国境措置の基本的枠組みを維持しており、急激な変化は想定されません。

解　説

　2015年に発効した日豪EPAに基づき、オーストラリアから輸入される牛肉については、長期間かけて関税率を引き下げていくこととなりました。38.5パーセントから、冷凍は18年目に19.5パーセント、冷蔵で15年目に23.5パーセントになりますが、輸入量が発動基準数量を超えると税率を38.5パーセントに戻す数量セーフガードが導入されました。

　乳製品については、プロセスチーズ用ナチュラルチーズの関税割当等にオーストラリア向け特別枠を設置するほか、プロセスチーズ等に関税割当を導入し、プロセスチーズは10年かけて、割当枠を50トンから100トンにするとともに、枠内税率は、枠外税率40パーセントの半分に削減します。

　2017年に日本としての国内手続を完了したTPPでは、牛肉の関税率は、16年かけて、最終税率を9パーセントとし、関税削減期間中の輸入急増に対するセーフガードを確保しました。豚肉では、差額関税制度を維持し、10年かけて、従量税を482円から50円/kgと

し、従価税は4.3パーセントをゼロとするとともに、11年目まで輸入急増等の場合のセーフガードを確保しました。乳製品については、脱脂粉乳、バターの関税削減等は行わず、既存のWTO枠に加えて、最近の追加輸入の範囲内で、TPP枠を新設しました。ユーザー、商社等による輸入で、枠内税率を削減します。

　2017年12月に交渉妥結を確認した日EU・EPAにおいては、乳製品の国家貿易制度、豚肉の差額関税制度といった基本制度の維持、関税割当やセーフガードなどの有効な措置を獲得したとされています。

Q.11 時々高騰する野菜について制度的な対応は行われていますか

ポ|イ|ン|ト 　気象の影響等による野菜価格の高騰を完全に回避することはむずかしいのですが、影響が小さくなるように、制度的な対応等が行われています。

 解　説

　野菜に関する法制度で最も重要な**野菜生産出荷安定法**は、関東、近畿等の大消費地の野菜消費が増えたことに対応するために、まとまった量の野菜が安定的に出荷できるように、指定産地を育成することを目的として制定されました。

　しかし、産地から卸売市場への大量出荷、卸売市場での値決め、八百屋等を通じて購入した野菜の家庭消費という従来のパターンは、大きく変化しました。産地と量販店、加工業者、外食産業との契約取引の増加、惣菜に加工された野菜の購入、外食での消費等、野菜の流通消費が変化するなか、産地交代の端境期の品薄や気象変動、異常気象等に伴う出荷減少等により、野菜価格が高騰します。

　こうした事情をふまえ、契約に基づき生産している生産者のうち、あらかじめ負担金を納付した生産者に対して、生産者が負うリスクを軽減するための契約野菜安定供給事業が導入されました（2002年）。さらに、2010年に成立した**地域資源を活用した農林漁業者等による新事業の創出等及び地域の農林水産物の利用促進に関す**

る法律（通称「**六次産業化法**」）に基づく特例措置により、指定産地外の生産者もリレー出荷による周年供給に取り組む場合に、契約野菜安定供給事業の支援対象となりました。

　さらに、予算に基づく事業として、契約取引に取り組む農家の収入確保支援、加工業務用野菜に作付転換する生産者支援等が実施されています。収入保険制度の創設で、今後、野菜価格安定制度との調整が行われるものと考えられます。

Q12 砂糖が抱える事情とはどういうことですか

ポイント 砂糖は、生産地域にとって、重要な作物からつくられています。歴史的な背景や政治的な事情を背負っているともいえます。

解 説

砂糖は歴史を背負った商品です。紀元前から、熱帯、亜熱帯地域において、さとうきびから砂糖がつくられ、日本では、江戸時代には栽培されていました。18世紀のドイツの科学者がてん菜から砂糖を精製する技術を開発し、それ以降、冷涼な地域での砂糖の生産が可能となり、日本でも、明治時代に北海道等で生産が始まりました。現在、さとうきびは、沖縄の島々等台風常襲地域でも栽培できる品目とされ、一方、北海道の畑作地帯では、連作障害を回避するための小麦、じゃがいも、てん菜での輪作作物の一つとされています。

砂糖の消費量は、大方の先進国の動向に反して、減少傾向で推移するなか、国内産糖がその3分の1を占めます。そのうち、てん菜糖が8割強、甘しゃ糖（さとうきびからつくられる砂糖）が2割弱を占めます。国内産糖の海外価格差は、てん菜糖で約1.6倍、甘しゃ糖で約4倍程度であり、原料生産段階と砂糖製造段階それぞれでのコスト低減が必要です。てん菜糖は北海道にあるてん菜糖工場で砂

糖が生産されますが、甘しゃ糖は沖縄、鹿児島にある工場で生産された粗糖が消費地にある精製糖工場に搬入され、輸入された粗糖と混ぜられ精製されて、砂糖となります。原料生産における生産性向上だけでなく、国内産糖企業と精製糖企業の生産性向上も重要なところが、砂糖の特殊なところです。わが国の精製糖企業の工場は統廃合を進めてきましたが、10数社で10工場程度が存続しているといわれています。諸外国の精製糖工場の6分の1から2分の1程度の規模であり、調整金負担を背負っている問題はありますが、精製糖コストの削減も重要な課題です。

調整金を徴収し、生産者に交付金を支払う農畜産業振興機構の砂糖勘定は、かつては、100億円を超える単年度赤字、700億円を超える累積赤字を計上したことがあります。現在は、累積赤字は縮小していますが、調整金は最終的には製品価格に転嫁されることによって消費者が負担しているものです。加えて、国民が税金のかたちで最終負担する国費も投入されています。砂糖をめぐっては、EUでは農家保護の大幅な見直し等が進み、アメリカでは政策支援はあるものの、直接的な財政支出はありません。地域限定作物に対する農業対策、地域振興対策について、政治のリーダーシップを含めた適切な対応が引き続き重要といえます。

Q13 経営所得安定対策は戸別所得補償制度と異なるのですか

ポイント 農家の所得を補償しようとする考え方に違いはありませんが、対象とする農家や農業の担い手の方向性について違いがありました。

 解　説

　農業政策の面からいえば、農家の所得を補償しようとする戸別所得補償制度の考え方は、品目ごとの価格政策から経営所得政策への農政の大転換を図った経営所得安定対策の方向性と異なるものではありませんでした。

　しかし、経営所得安定対策では、農業に主として取り組む認定農業者等の担い手を中心にすえて、国際交渉等の国際環境にも耐えうる日本の農業の体質強化を目指したのに対し、戸別補償制度は、片手間農家も含めた農家全てを対象に一律の補てんを行うことを基本とする施策であり、資産として農地を保有する零細農家等から土地を集約して専業的な経営を行う担い手農家が土地の貸しはがしにあって苦労しているとの批判もありました。

　都市部のサラリーマン以上の収入を得つつ、農村地域社会で重要な役割を果たしている安定的な兼業農家の存在が、日本の農業の強みであるとの指摘があり、また、専業農家数を上回る兼業農家の政治における存在感は大きいといえます。全国一律の単価のもとで

も、規模拡大した農家ほど、所得が増えるとの指摘にはもっともな部分もありました。

　いずれにしろ、厳しい財政状況のもとで、国民にとって重要な食料について、どのような政策目的で、何をターゲットにして税金を投入すれば、持続可能で安定的な農業経営を支えることができるのか、納税者である国民の多くが納得できる政策を実施していくことが重要です。

第4章

農産物生産過程の安全に
関係する制度

第1節　あらまし

　第4章では、農産物の生産過程における食品安全に関係する制度をみていきます。農業も産業の一分野ですが、人が生きていくために日々摂取する食べ物を生産する産業であり、人の健康に悪影響を及ぼす事態を未然に防ぐことがきわめて重要です。科学的な原則に基づくリスク管理が導入されていますが、その詳細は専門書に譲り、ここでは、法制度の枠組みを扱います。

　食品の安全は、農場から食卓までといわれますが、農薬、肥料、飼料、動物医薬品といった農業生産資材の安全確保が出発点となります。動植物防疫は、家畜や農作物の病気や害虫のまん延防止により、食料の安定供給を目指すものですが、家畜には、人獣共通感染症の問題もあり、人の健康との関係においても重要な領域となっています。また、植物の病気のなかには、人に影響するものもないわけではないので、この章で、扱うことにします。

　なお、農産物生産過程の安全というと、農業機械の安全や農作業の安全といったことも連想されますが、機械安全や労働安全の一分野であり、本書では扱いません。

1　植物防疫

　1959年に制定された**植物防疫法**では、農業生産の安全、助長を図ることを目的に、輸出入植物と国内植物の検疫、植物に有害な動植物の駆除とそのまん延の防止を定めています。

海外から輸入される種苗、果実、野菜等について、土や土の付着する植物、省令で定められた特定地域から輸入される特定の植物等は輸入が禁止されていますが（第7条）、それ以外のものについては、植物防疫官による検査を行い、検査の結果、有害な病害虫が発見された場合には消毒又は廃棄することとなります（第8条）。どの地域から、何を輸入することが禁止されているのかは、農林水産省植物防疫所のホームページで検索してください。輸入が禁止されている果実等を輸入するためには、輸出国と日本の植物防疫機関との間で輸入解禁のための手続を進めることとなっており、日本における関係規則の改正等も必要です。なお、植物防疫所で行っている検査とは別に、**食品衛生法**に基づき、厚生労働省検疫所は、農薬、食品添加物などの食品検査を行っています。

逆に、日本から海外に植物を輸出する場合には、輸入国の要求する条件に適合していることについて植物防疫官による検査を受けないと輸出することはできません（第10条）。

各国とも、有害な病害虫が国境を越えて侵入することを防止する必要があることでは共通しているので、1951年に**国際植物防疫条約**が締結され、日本の**植物防疫法**も同条約に基づいた国内法と位置づけられています。

WTO協定の前身である**GATT**のもとで、植物検疫、動物検疫、食品衛生を含めた衛生植物検疫措置は、輸入制限の一般的例外措置とされていましたが、1995年に発効した**WTO協定**の一部をなす**SPS協定**において、加盟国は、同協定に違反せず、科学的根拠に基づき、国際貿易への悪影響を最小限にする衛生植物検疫措置をとる権利を有し、国際的な基準等がある場合には、自国の措置はそれ

に基づくようにすることが定められました。この協定を受けて、**国際植物防疫条約**が改正されるとともに、国際基準も順次策定されています。**国際植物防疫条約**を審議承認したのはローマにある国連機関FAOであり、国際基準もFAOで議論されています。

　輸出入検疫に加え、国内の一部に発生している病害虫の拡大防止（国内防疫）や病害虫の発生状況に応じた的確な防除（国内防除）も実施されています（第12条以下）。

　病害虫防除については、都道府県等の関係機関と連携して、発生予察事業による病害虫の発生予測、IPMの推進、農薬飛散低減対策の指導等が行われています。特に、近時、IPMという考え方が、国際的に重視されています。病害虫の発生状況に応じて、天敵（生物的防除）や粘着板（物理的防除）等の防除方法を適切に組み合わせ、過度に農薬に依存することなく、環境への負荷を軽減しながら、病害虫の発生を抑制する防除体系のことをいいます。

2　家畜衛生

　最近、日本国内においても、口蹄疫、鳥インフルエンザなどの発生が相次ぎ、農家にとってだけでなく、地域経済への影響が大きくなることもあります。

　食肉、乳製品の安定供給のために、家畜の病気まん延防止は非常に重要ですが、人間以外の動物由来の病気で、人間の健康にも大きな影響が及ぶBSEや鳥インフルエンザ等については、人の健康の観点からの万全の取組みも重要となっています。人間の保健衛生、食品衛生を担当しているのが厚生労働省、家畜衛生を担当しているのが農林水産省です。BSEや鳥インフルエンザの問題では、厚生

労働省、農林水産省を含めた関係省庁の連携・協力が不可欠となっています。農林水産省は、都道府県家畜衛生部局、農研機構（国立研究開発法人農業・食品産業技術総合研究機構）の動物衛生部門等と連携して、国内の家畜防疫に関する企画、調整、指導等を実施するとともに、全国に設置された動物検疫所（**農林水産省設置法**に基づく施設等機関の一つ）の本所１カ所と支所により、輸出入検疫等を実施しています。都道府県は、**家畜保健衛生所法**（1959年制定）に基づき、家畜保健衛生所を設置し、家畜防疫対策を実施しています。

(1) 家畜伝染病予防法

1951年制定の**家畜伝染病予防法**は、家畜の伝染性疾病の発生予防とまん延防止により、畜産の振興を図ることを目的としています。BSE、高病原性鳥インフルエンザ、口蹄疫を含む20種類以上の家畜伝性病について、発生を予防するための届出・検査、まん延を防止するための発生時の届出・殺処分・移動制限、国・都道府県の連携、国の費用負担などを定めています。強制措置をとることもあります。

2010年の口蹄疫発生を契機として、**家畜伝染病予防法**は改正され、家畜防疫体制は強化されています。

動物検疫所は、**家畜伝染病予防法**に基づく家畜の伝染性疾病の侵入防止等の任務を担っており、また、海外への輸出検査も行っています。動物や食肉の輸出入だけでなく、ペットの輸出入、ワラ、乾草の輸入等について、輸出入が禁止されているものがあり、また、輸出入ができる場合でも、一定の手続が必要になりますので、動物検疫所のホームページをご覧になってください。

(2) 国際獣疫事務局

　国境を越えて人獣、食品が頻繁に移動する現在、国際機関の役割は一層重要になってきています。人間の保健衛生を担当しているのはWHO、動物衛生を担当しているのはOIEです。OIEは1924年パリに設立され、国連成立後、FAOやWHOとの関係が議論されましたが、ヨーロッパを中心とする国々の強い支持で、その存在が守られました。WTO成立後は、国際貿易において尊重されるべき動物の健康に関する規則等は、OIEが策定したものとされています。

　OIEは、動物の健康と人獣共通感染症に関する国際基準であるOIEコードを定めており、貿易に関する基準と生物学的な基準を含んでいます。BSEリスクに関する各国ステータスの決定基準も定められており、日本は、データのそろった2008年に申請を行い、2009年 5 月に「管理されたリスク国」に、2013年には「無視できるリスク国」に認定されています。

(3) BSE関連法

　家畜伝染病予防法以外の重要な国内法律として、BSE関連法があります。BSEの発生で国内が混乱したことを受けて、2002年に**BSE特措法**が制定されました。BSEの発生を予防し、まん延を防止するため、牛の肉骨粉を原材料等とする飼料の牛への使用の禁止、死亡牛の届出と検査のほか、牛の個体管理の体制整備に関する措置等を定めました。個体管理に関する条項に基づき、2003年には、**牛の個体識別のための情報の管理及び伝達に関する特別措置法**が定められ、農林水産省の管理する牛個体識別台帳により、管理されています。

⑷ 動物医薬品

　かつて**薬事法**といわれた現行の**医薬品等法**が適用になる動物医薬品も重要な行政分野です。**医薬品等法**上の医薬品には、人だけでなく、動物の疾病の診断、治療、予防に使用されるものも含まれます。医薬、薬事に関する主務官庁は厚生労働省ですが、動物用医薬品については農林水産省の所管となっており、農林水産大臣が権限をもっています（第83条）。家畜に使用された動物用医薬品が食品に残留することを通じて、人体に影響を与える可能性があることから、動物医薬品行政は、畜産振興の観点だけでなく、人の健康の観点からも重要です。

3　農　薬

　1948年に制定された**農薬取締法**は、農薬登録の制度を根幹としており、現在は、農薬の製造、輸入、販売等の規制を行っています。農薬の品質の適正化と安全かつ適正な使用を確保して、農業生産の安定、国民の健康の保護だけでなく、生活環境の保全に寄与することも目的としています。

　ここでいう農薬とは、農作物を害する菌、線虫、ダニ、昆虫、ネズミその他の動植物又はウィルスの防除に用いられる殺菌剤、殺虫剤その他の薬剤と農作物の生理機能の増進・抑制に用いられる成長促進剤、発芽抑制剤その他の薬剤とされています（第１条の２）。

⑴ 農薬登録制度

　農薬登録制度は、一部の例外を除き、国に登録された農薬だけが製造、輸入、販売できるという仕組みです。製造者や輸入者は、登録を受けなければ、製造・加工・輸入できませんが、登録を受ける

ためには、さまざまな試験成績等を整え、FAMICを経由して申請します（第2条）。新たな農薬の開発には、およそ10年の歳月と数十億円にのぼる経費を必要とするといわれています。また、農薬の販売者は販売所所在地の都道府県知事に届け出ることとなっており（第8条）、無登録農薬の販売は禁止されています（第9条）。さらに、農薬使用者には、農林水産大臣と環境大臣が定めた基準に従った使用を求めています（第12条）。違反した者は、3年以下の懲役、100万円以下の罰金に処せられます。2002年に全国各地で無登録農薬の販売・使用が問題となったことから、販売規制が中心であった法律を改正して、製造、輸入、使用の規制も加わりました。

　農薬の登録を受けるためには、薬効、薬害、毒性、残留性に関する試験成績に関する書類を提出しなければなりません（第2条第2項）。残留性には、作物残留、土壌残留、水産動植物被害、水質汚濁の観点から、環境大臣が基準を定め、申請された農薬ごとに基準を超えないことを確認して登録することとなっており、基準を超える場合には登録が留保されます（第3条第1項、第2項、登録保留基準）。作物残留については、**食品衛生法**に基づく食品規格（残留農薬基準）が定められている場合（第11条第3項）、その基準が適用されます。2003年の**食品安全基本法**の制定、食品安全委員会の設置に伴い、リスク管理機関の連携を強化する観点から、環境大臣が基準を定める際に厚生労働大臣の公衆衛生の見地からの意見を聞くことなど、農林水産大臣、環境大臣、厚生労働大臣間の協議等が義務づけられました（**農薬取締法**第16条の2）。

(2)　農薬に関する国際調和

　農薬が国際的に流通する商品であるとともに、農薬を使用した農

作物・食品も国際的に流通することを考えると、農薬の使用方法や安全性等に関して、国際的な枠組みで進められている取組み、国際基準と国内制度を調和させることがきわめて重要です。消費者の健康の保護、食品の公正な貿易の確保等を目的として設置された国際的な政府間機関であるコーデックス委員会において、食品及び飼料中の最大残留農薬基準値の設定等を行うため、一般問題部会として残留農薬部会が設置されています。

また、OECDにおいては、環境政策委員会に化学品・農薬・バイオ技術作業部会が設けられています。安全性についてだけでなく、OECDでは、農薬の登録申請時に農薬メーカーが各国の登録機関に提出する申請資料の様式共通化を促すため、農薬製剤及びその有効成分に係る試験成績提出に関するガイダンスを作成しており、制度運営面でも、欧米の運用と同等なものとしていく取組みが進められています。

国際的な議論の場に参画し、国際的な動向をふまえて、国内行政を進めていくことが重要です。

なお、2017年の**農業競争力強化支援法**で、農薬の登録の規制について国際的な標準との調和を図るための見直しを行うことが定められており、欧米で導入ずみの農薬の再評価制度や規格の設定などに向けた法律改正が2018年に行われます。この機会に、ジェネリック農薬の登録申請において、先発農薬と農薬原体の成分・安全性が同等であれば、提出すべき試験データの一部が免除されることとなります。

■■■ 4 肥　料

1950年に制定された**肥料取締法**は、肥料の品質等を保全し、その公正な取引等を確保するため、肥料の規格、施用基準の公定、登録、検査等を行い、農業生産力の維持増進と国民の健康の保持を目的としています。

ここでいう肥料とは、植物の栄養に供し、又は、植物の栽培のために土壌に化学的変化をもたらすことを目的として土地に施されるものと植物の栄養に供することを目的として植物に施されるものとしています（第2条）。

農林水産省の調べによると、わが国における化学肥料の需要量は年々減少しているとのことですが、耕地面積、耕地利用率も低下しており、施肥量の減少がどの程度進んでいるのかはよくわかりません。

世界的な傾向としては、2015年のFAO資料によると、窒素、りん酸、加里の需要は、引き続き、年率2パーセント内外の増加を予測しています。地域的な使用量のシェアでは、アジアで5、6割、南北アメリカで2、3割、欧州中央アジアで1割強、オセアニアで数パーセント、アフリカで数パーセントを消費しているとのことです。

(1)　肥料取締制度

肥料は、法律上、特殊肥料（農林水産大臣の指定する米ぬか、たい肥その他の肥料）と普通肥料（特殊肥料以外の肥料）に区分され（第2条）、普通肥料は、肥料の種類ごとに含有すべき主成分（窒素、りん酸、加里等）の最少量、含有が許される植物にとっての有害成分

（カドミウム等）の最大量等の公定規格が定められています（第3条）。普通肥料の生産・輸入業者は農林水産大臣又は都道府県知事への事前登録、特殊肥料の生産・輸入業者は事前届出が、販売業者は届出が必要です（第4条、第22条、第23条）。登録は、公定規格との適合性、植物の生育に対する害の有無等を調査したうえで行われ、登録の有効期間は3年又は6年となっています（第7条、第12条）。普通肥料の生産、輸入、販売業者は、肥料の種類、保証する主成分の最少量等を記載した保証票が添付されていなければ、譲渡することはできません（第19条）。農林水産大臣、都道府県知事は、肥料の取締り上必要があるときは、立入検査、製品収去することができるほか、罰則規定も設けられています。

食品安全基本法（2003年）が制定された際に、関係法律の整備が行われ、肥料に関しては、施用方法によっては人畜に被害が生ずるおそれのある普通肥料について、農林水産大臣が定めた施用の時期、方法等の基準を遵守すること等が義務づけられました。

(2) 肥料の高騰と適正使用

化学肥料の主成分は窒素、りん酸、加里ですが、日本はその原料である化石資源、りん鉱石、加里鉱石（塩化加里）の全てを輸入に依存し、また、尿素やりん安等の製品や中間製品も相当量を輸入しています。りん鉱石は中国、ヨルダン、モロッコからの輸入が、加里鉱石はカナダからの輸入が大部分を占めるなど、特定国に依存しています。

世界的な人口増や食生活の変化による穀物需要の増大を背景として、肥料需要は年々増大する一方、原料資源は特定の産出国に偏在し産出量も限られていることから、原料供給にひっ迫感があり、

2008年後半から原料市況は大幅に高騰しました。この影響を受け、輸入価格と国内の肥料価格が大幅に上昇しました。国際市況は落ち着きを取り戻しつつあるものの、中長期的には楽観を許さない状況といえます。

　肥料高騰は、農家経営を直撃することとなりましたが、輸入肥料原料の安定確保の必要性とともに、肥料の適正使用の重要性、地域有機資源の活用がクローズアップされることとなったのは、不幸中の幸いといえます。

5　飼　　料

　飼料安全法は、**飼料の品質改善に関する法律**として、1953年に制定されましたが、飼料に起因する安全上の問題に対応するため、1975年に現在のかたちになりました。飼料、飼料添加物の製造等に関する規制、飼料の工程規格の設定、検定を行い、飼料の安全性確保と品質の改善を図り、畜産物生産を安定させることを目的としています。

(1)　制度的枠組み

　ここでいう飼料とは、家畜等の栄養に供することを目的として使用されるもの、飼料添加物とは、①飼料の品質の低下の防止、②飼料の栄養成分その他の有効成分の補給、③飼料が含有している栄養成分の有効な利用の促進の用途に供することを目的として飼料に添加するなどして使用されるもので、農林水産大臣が農業資材審議会の意見を聴いて指定するものです。法規制の対象となる家畜等とは、牛、めん羊、山羊、しか、豚、鶏など家畜が8種、ぶり、まだい、ぎんざけなど23種の養殖水産動物、計31種類です（第2条等）。

安全性の確保に関する規制としては、国が基準及び規格を設定し（第3条）、これに合致しない飼料等の製造・輸入・販売・使用の禁止、有害物質を含む飼料等の製造・輸入・販売・使用の禁止及び廃棄命令、製造・輸入・販売業者の届出、報告の聴取、立入検査等について、定められています（第4条、第5条等）。品質の改善に関しては、公定規格の設定、栄養成分量、原材料名等の表示基準の設定、表示事項の表示等の指示について定められています（第26条等）。

⑵　飼料の安全

　飼料自給率は3割を切っており、とうもろこしを中心とする穀物等からなる濃厚飼料原料の大部分は海外に依存しており、輸入した原料等から、国内の飼料工場で製造されます。飼料により家畜が生産され、やがて、食肉、乳製品として消費者に提供されます。

　飼料安全法の枠組みのもとで、飼料の安全を確保する取組みが進められており、国内でのBSE発生後には、BSE関連の飼料規制が整備され、また、農薬、カビ毒、放射性物質等を含む各種有害物質への対応も進められてきました。

■■■　6　農産物の生産工程管理と有機農産物

　法律に基づくものではありませんが、食品安全、環境保全等のための実践的なツールとなっているのが、GAPに代表される農産物の生産工程管理です。また、それと関連するものとして有機農産物があります。

　2012年のロンドン五輪パラリンピックにおいて、選手村等で提供された農水産物は、健康、環境に配慮した厳格な基準をクリアした

ものとされたことを契機に、主としてヨーロッパで進められてきた取組みに世界が注目することになりました。ブラジル五輪等、東京五輪等、さらにその後も、こうした流れのなかにあります。残念ながら、日本の取組みは進んでいるとはいえず、東京五輪等に向けて、試練を迎えています。

⑴　GAP

　優良農業規範、適正農業規範、農業生産工程管理などと訳され、農業の生産工程で計画（plan）、実践（do）、点検・評価（check）、見直し改善（action）を行っていくものです。現在、日本では、JGAP（旧JGAP Basic）、ASIAGAP（旧JGAP Advance）、GLOBALG.A.P.が並立しており、これらをクリアした農産物なら、東京五輪等の調達基準を満たすことになっていますが、欧米市場への輸出では、GLOBALG.A.P.クリアが基本になります。

　日本における農産物の工程管理に関する取組みは、かいわれ大根事件を契機として、1996年にHACCPの概念を導入した「かいわれ大根生産衛生管理マニュアル」から始まりました。その後、野菜に限らず、農業生産工程管理に関する取組みが進められ、2007年に発表された農政の基本方針で、GAPを積極的に導入・推進することになりました。農林水産省が当初推進したGAPは、生産者自らが農業生産工程を見通して、食品安全や環境保全などの観点から特に注意すべき事項（点検項目）を定め、これに沿って農作業を行い、記録・検証により、農作業の改善に結びつけていくもので、点検項目は20程度でした。

　東京五輪等対応を含むグローバル戦略のなかで、国際的に通用するGAP対応を急速に進めているところですが、世界の趨勢はさら

に進んでおり、GLOBALG.A.P.並みの管理、さらには、科学的な
データをそろえた農産物により、農産物の安全性をアピールする段
階にまできています。高コスト構造の日本の農業は品質で勝負する
しかないともいわれますが、消費者が重視する現在の品質は、おい
しさもさることながら、データに裏打ちされた安全、地球環境負荷
の削減といった視点も大事になっています。

　全ての農産物がそうなる必要はなく、最低限の安全性等が確保さ
れた農産物が、国内において、なるべく安い、適正な価格で供給さ
れることを前提としたうえで、安全で、より健康的な農産物に付加
価値がつき、そうしたものを求める層も存在するということです。

(2)　有機農産物

　GAPが、その生産工程管理により目指すところは、農薬化学肥
料等の適正使用、環境への負荷低減等であり、有機農業の目指すと
ころと重なる部分が多いといえます。

　有機農産物については、1999年にコーデックス委員会において
「有機生産食品の生産、加工、表示及び販売に関するガイドライ
ン」が採択され、それを受けて、わが国では、有機農産物の日本農
林規格、有機JASが創設されました。有機JASにおける有機農産
物の定義は、「農業の自然循環機能の維持増進を図るため、化学的
に合成された肥料及び農薬の使用を避けることを基本として、土壌
の性質に由来する農地の生産力を発揮させるとともに、農業生産に
由来する環境への負荷をできる限り低減した栽培管理方法を採用し
た圃場において生産された」農産物とされています。

　有機農業を振興するための法律としては、まず、1999年に制定さ
れた**持続性の高い農業生産方式の導入の促進に関する法律**がありま

す。持続性の高い農業生産方式として、堆肥その他の有機質資材の施用に関する技術であって、土壌の性質を改善する効果が高いもの等を用いて行われる農業の生産方式とされており、持続性の高い農業生産方式の導入に関する計画を作成し、認定を受けた農業者に対しては、資金貸付の際の償還期間延長が定められています。

さらに、2006年に議員立法により**有機農業の推進に関する法律**が制定され、基本理念を定めたほか、農林水産大臣が基本方針を定めることとされ、また、国、地方公共団体に対し、有機農業者等への支援、必要な調査等の実施を求めました。5年間を対象として、2007年に定められた基本方針には、2011年度までの目標として、有機農業に関する技術体系の確立、都道府県による推進計画の作成実施等を掲げました。さらに、2014年に新たな基本方針を策定し、有機農業の拡大を図ることとしています。

安全な農産物、環境と農業の調和に対する消費者の高い関心を背景として、以上にみたように、有機農業に関する制度的な枠組みは整えられてきており、農林水産省による各種事業も実施されています。消費者からみると、有機をうたった農産物は世の中に氾濫しているものの、客観的なデータに基づいた信頼に足る有機農産物であるのかどうか確信をもてないといった声も聞かれ、引き続き、行政による制度的、技術的な条件整備と農業者等の努力が必要です。

第 2 節

Q.1 土の付着した植物が空港で没収されるのはなぜ
ですか

ポイント
国内農業への悪影響を避けるために、日本への輸入が
禁止されているからです。

■ **解 説** ■

　農業生産の安全を守ることを目的とする**植物防疫法**に基づき、土
が付着した植物の日本への持込みは禁止されています。土には、国
内の農作物に悪影響を与える、多くの病害虫が潜伏している可能性
が高いからです。

Q 2　口蹄疫とはどういうものですか

ポイント　偶蹄類の動物がかかる病気で、家畜生産、地域経済に大きな影響が発生するために、法律に基づく適切な対応が重要です。

解　説

　2010年春に宮崎県で発生した口蹄疫は、畜産農家だけでなく、地域社会経済に甚大な影響を与えました。

　口蹄疫は口蹄疫ウィルスが原因で偶蹄類の牛、豚、山羊等がかかる病気です。人間にはうつらないとされていますが、異論もあります。口蹄疫にかかった家畜（患畜）、患畜の疑いのある家畜（擬似患畜）については、**家畜伝染病予防法**上、診断した獣医により、遅滞なく都道府県知事に届け出る義務があり（第13条）、家畜所有者は遅滞なく隔離し、都道府県の専門職員の指示に従い、殺処分しなければなりません（第14条～第16条）。しかしながら、同法では、まん延防止のために行われたワクチン接種後の殺処分を強制することができない等の限界があったため、2012年3月までの時限立法として**口蹄疫対策特別措置法**が制定され、国や都道府県が予防的な殺処分を強制的にできるようにするとともに、被害農家への補償を強化するなどの手当が行われました。

　口蹄疫については、当面、時限立法による対応が可能となりまし

たが、現代社会における家畜伝性病の海外からの伝搬と国内での感染拡大の脅威を想定すると、現行の**家畜伝染病予防法**の体系が万全なのかという問題があります。たとえば、患畜等の隔離、と殺、死体処理の義務は一義的には家畜所有者にありますが、伝染病発生初期の時点で、強制力を伴う迅速な処分を行うことができれば、より少ないコストでの封じ込めが可能です。強制力と裏腹の関係にあるのが、費用負担、補償の問題です。

　口蹄疫を含む家畜伝染病全般にわたるこうした問題の解決のために、2011年**家畜伝染病予防法**が改正されました。定められた症状のある家畜の早期届出制度の導入、口蹄疫に関する患畜・疑似患畜以外の殺処分制度の導入、と殺することとなった患畜・疑似患畜の所有者に対して家畜評価額全額を交付すること等が定められており、関係者の責務等を明確にしつつ、家畜防疫体制が強化されました。

Q3 肉製品を海外から日本に持ち込めないのですか

ポイント 基本的には、肉製品の日本国内への持込みはできません。

解　説

現在、多くの国で家畜の病気が発生しており、おみやげや個人消費用のものは検査証明書の取得がむずかしいため、肉製品や動物由来製品のほとんどは、日本に持ち込むことができません。不正な持込みは、**家畜伝染病予防法**に基づき、罰則の対象となります。

ただし、アメリカ、カナダ、オーストラリア、ニュージーランドでは、輸出国政府機関が発行する日本向け検査証明書がパッケージに表記されている食肉製品（国によって種類が異なります）が販売されており、それらについては日本に持ち込むことができます。

Q 4 農薬等のポジティブリスト制度導入で何が変わったのですか

ポイント 個別の残留基準が設定されていない場合に、一定量を超えて農薬等が残留する食品の販売等が原則禁止になりました。

解　説

　食品中に残留する農薬に関するポジティブリスト制度が2006年に施行されましたが、あわせて、動物用医薬品と飼料添加物についても導入されました。

　ポジティブ制度とは、一定量を超えて農薬、動物用医薬品、飼料添加物が残留する食品の販売等を原則禁止する制度です。従来は、食品に残留する農薬等については、**食品衛生法**に基づく残留基準を設定し、食品の安全を確保してきましたが、残留基準が設定されていない農薬等を含む食品については規制が困難でした。新制度の導入により、個別の基準値が設定されていない場合は、一律基準（0.01ppm以下）が適用されます。

Q.5

残留農薬は管理されていますか

ポ|イ|ン|ト 　厚生労働省が、食品中に含まれることが許される残留
基準を設定しており、その基準に沿って、農林水産省が、**農薬取締
法**により使用基準を設定しています。

解 説

　農薬は、農作物に散布され、当初の目的を達成した後、直ちに消
失するわけではなく、収穫した農作物にも微量に残留する可能性が
あり、また、農薬が残る農作物が家畜の飼料として利用され、毎日
さまざまな食品を消費することを通じ、微量の農薬を摂取すること
が想定されます。

　厚生労働省では、**食品衛生法**に基づき、食品中に含まれることが
許される残留農薬の限度量である残留基準を設定し、残留基準を超
える食品の流通は禁止しています。農薬を長期間にわたり摂取し続
けた場合の健康への影響に加え、短期間に通常より多く摂取した場
合の健康への影響も加味して、基準を設定しています。

　残留基準を超えないためには、農業者等農薬使用者が試験で確か
められた一定の使用方法（使用時期、使用濃度、使用回数など）を守
ることが前提です。使用方法は農薬のラベルに記載されています。
実際には、残留基準値は余裕をみて設定してあり、また、農作物を
食べる前に洗ったり皮をむいたりするので、試験で分析された量に

比べて少ない量しか摂取しないといえます。農薬の使用方法を守ることは農薬使用者の責務であり、使用の規制と罰則が強化されています。

土壌診断とはどういうことですか

ポイント　無駄な肥料投入を防ぎ、健康な農産物を育て、環境に
も優しい農業経営を行うために不可欠なものが、土壌診断であり、
一層の取組みが期待されます。

解　説

　肥料の適正使用のためには、農業者が自らの圃場について土壌診断を行い、これをもとに施肥設計の見直しや施肥低減技術の導入等を行うことが重要です。農林水産省の2009年段階での分析によると、2002年度から2006年度までの間に、土壌診断実施点数は48万3千点から微増しているものの、土壌診断結果に基づく処方箋件数は43万4千件から13パーセントの減少を示したとしています。

　農林水産省などが実施した「土壌環境基礎調査」(1979年から1998年)、「土壌機能モニタリング調査」(1999年から2003年)に基づく農林水産省の分析では、日本の農地土壌における有効態りん酸含有量は、水田土壌では調査開始時に比べて1.5倍、北海道畑作土壌、野菜畑等も調査開始時から増加傾向で推移しており、地力増進基本方針に基づく上限値を超えて有効態りん酸が蓄積されている圃場の割合(1999年から2003年)は水田土壌29パーセント、北海道畑作土壌37パーセントとのことでした。交換性加里含有量についても同様な傾向となっています。簡単にいうと、さまざまな成分が必要以上に

土壌に蓄積しているということです。

　農林水産省は、2008年、肥料高騰に対応して各都道府県で減肥基準に基づく施肥基準を徹底するよう指導しましたが、引き続き、土壌診断に基づいた施肥設計の見直しと農業者による施肥低減の実践がきわめて重要です。

　施肥の低減は、農業の経営コストを下げ、農業者にとってメリットがあるだけでなく、より安全で健康な農作物を消費者に供給することにもなり、加えて、水質保全等の環境保全上も有意義です。必要なデータ収集と実践的な研究、専門家の育成、農業者への指導体制の確立、農業者の意識改革と実践等を強力に進めていくことが重要です。

畜産分野における薬剤耐性菌問題とは何ですか

ポイント 家畜だけでなく、人の感染症治療にも影響する家畜生産における薬剤耐性菌問題が注目されています。

解　説

　最近、世界的に議論されているのが、飼料添加物や動物医薬品としても使用されている抗菌剤の薬剤耐性の問題です。抗菌剤の使いすぎにより、抗菌剤が効かない薬剤耐性菌が増加しています。家畜への抗菌剤の使用により増加した薬剤耐性菌が、家畜の治療を困難にするだけでなく、畜産物等を介して、人の感染症の治療を困難にすることが懸念されています。

　2015年にWHOが国際行動計画を採択し、日本でも、2016年に行動計画が決定されました。EUでは、2006年に、成長促進目的の抗菌剤（飼料添加物）の使用を一律禁止しており、アメリカでは、2013年、業界向けガイダンスで、人の医療上重要な抗菌剤を成長促進目的で使用することを自主的に中止するよう要請しています。日本における一層の取組みが重要です。

生産資材について安全性以外に論じられていることがありますか

農業経営コストの観点から生産資材価格について議論されています。

解 説

農薬、肥料、飼料は、いずれも農業経営に必要な生産資材です。農家数が多かった時代の体制がそのままとなっているためなのか、諸外国と比べて、メーカー数が多く、工場、製造所が各地に点在し、過剰供給構造となっており、必然的に生産性が低いといわれています。また、流通、販売段階での農協系統の関与比率も小さくありません。

生産資材価格の引下げは農業競争力強化プログラムの重要な1項目となっており、引き続き、農業の競争力強化、農業者の所得向上、ひいては、消費者利益にも結びつく取組みが進められることとなっています。

Q 9 GAPとはそもそもどういうものですか

ポイント ヨーロッパにおいて始められた取組みであり、世界中で利用されるようになっており、日本でも対応が進みつつあります。

解　説

　1990年代にBSEや残留農薬問題等で消費者の食品に対する不安が高まったEUにおいて、EUREP（Euro-Retailer Produce Working Group）が小売業者の販売する農産物の安全性に自ら責任をもつために、農産物を生産する過程での優良農業規範の必要性を認識し、2000年にEUREPGAPを作成したのが始まりといわれています。2007年にはGLOBALG.A.P.に名称変更されました。

　化学肥料農薬の低減、環境負荷低減、作業者の健康と安全、動物福祉等の観点から管理項目を設定し、認定登録された審査機関が審査します。定期的な更新が必要です。事務局は、GLOBALG.A.P.と他国の民間GAPとの同等性を認証する制度を設けていますが、EU市場での販売を目指す農産物にとってGLOBALG.A.P.の認証を得ていることが有利、場合によっては不可欠となるため、日本を含む120カ国以上の農場が認証を得ているといわれます。GLOBALG.A.P.で管理すべき項目について、野菜・果実についてみると、全農場共通項目、作物基本項目、果実野菜項目を網羅する必要があ

図表13　国内におけるさまざまなGAP（各GAPの構成、特徴）

農林水産省
ガイドライン準拠
GAP

JGAP
（旧JGAP Basic）

ASIAGAP
（旧JGAP Advance）

GLOBALG.A.P.

商品回収テストの実施、資材仕入先の評価等

農場経営管理（責任者の配置、教育訓練の実施、内部点検の実施等）

人権保護（強制労働の禁止、差別の禁止、技能実習生の適切な労働条件の確保等）

労働安全（機械・設備の点検・整備、薬品・燃料等の適切な管理、安全作業のための保護具の着用等）

環境保全（適切な施肥、土壌浸食の防止、廃棄物の適正処理・利用等）

食品安全（異物混入の防止、農薬の適正使用・保管、使用する水の安全性の確認等）

	「GAPをする」	「GAP認証をとる」		
	農林水産省ガイドライン 準拠GAP	JGAP （旧GAP Basic）	ASIAGAP （旧JGAP Advance）	GLOBALG.A.P.
運営主体	都道府県等	一般財団法人日本GAP協会		FoodPLUSGmbH（ドイツ）
審査機関	－	4社		3社 （日本人審査員がいる会社）
審査費用の目安 （個別認証の場合）	－	10万円程度＋旅費		25万～55万円程度＋旅費
オリパラ調達基準	△（都道府県の確認がある場合）	○		○
GFSI承認 （農産関係）	－	－	青果物、穀物、茶について 2017年11月に申請	青果物について承認
認証取得経営体数	－	3,519（2017年3月末）	582（2017年3月末）	479（2017年12月末）

（注）　GFSI（Global Food Safety Initiative）とはグローバルな食品事業者（世界70カ国、約400社が加入するCGF（The Consumer Goods Forom））の下部組織。食品安全を推進。
（資料）　農林水産省HPをもとに作成

り、150項目を上回ります。種苗管理、土壌管理、肥料使用等の項目が並び、そのなかから例をあげると、「有機質肥料施用による養分量を考慮に入れていますか」といった項目があり、全ての項目をチェックする必要があります。

　日本では、小売業最大手のイオンや日本生活協同組合連合会の取組みが先行しましたが、生産者による取組みとしては、EUREPGAPの認証を取得した農業生産法人片山りんごと農事組合法人和郷園が中心となって日本GAP協会が設立されるとともに、JGAPが作成されました。欧州のGAPを念頭に置きつつ、日本農業にふさわしいGAPを目指す日本生産者GAP協会も設立されています。

Q10　特別栽培農産物は普及していますか

ポイント　ガイドラインに基づき、化学肥料や農薬の使用量を減らした農産物であり、その旨の表示をできますが、いろいろな課題があります。

解　説

　特別栽培農産物とは、その農産物の生産過程等における節減対象農薬の使用回数が、慣行レベルの5割以下であり、かつ、生産過程等において使用される化学肥料の窒素成分量が、慣行レベルの5割以下であるものです。1992年に制定され、順次改定されてきた特別栽培農産物の表示ガイドラインにより定められています。定義に従った農産物には、一定の表示を行うことができます。

　有機JAS認定の農産物とは異なるものの、化学肥料や農薬の使用低減に努めている農産物について、一定の差別化を図るものです。しかしながら、慣行レベルを基準にしていることから、客観性に欠け消費者にとってわかりやすいものではなく、確認責任者を設けるシステムとなっているもののチェック体制が厳格ではない等の限界があります。ガイドラインという性格上、やむをえない面はありますが、都道府県等において、積極的に活用する動きもあります。

Q11 海外の有機農産物事情はどうなのですか

ポイント EUにおいては、有機農産物の生産が一定割合を占め、制度的な整備も進んでいます。

 解 説

　有機農業に関心の高いEUにおいては、1991年以来、理事会規則で有機農業の生産、管理、表示等全般にわたる法的枠組みが確立しています。また、有機農業が自然資源の保護、生物多様性、動物福祉等の観点から消費者の支持を得るとともに、農産物・食品に付加価値がつき農村地域の活性化にも役立つため、有機農産物市場は堅調に拡大してきています。

　EUのレポートによれば、2011年のEU27カ国有機農業地域面積は960万ha、耕地面積の5.4パーセントを占めます。有機農業を行う農地や農家の約8割が2004年までにEU国となった15カ国です。

　一方、わが国では、2011年、有機JAS認証を受けた農地面積割合はわずか0.2パーセントであり、その後も大きくは増えていません。

　アメリカにおいても、有機農産物に対する需要は健康志向の高所得者層を中心に底堅いといわれ、有機食品、自然食品を扱うオーガニックスーパーのホールフーズは店舗数が増えて、先ごろ、将来を見越して、アマゾンが買収したことが話題となっています。

第 5 章

農産物食品の
流通消費の制度

第1節 あらまし

　第5章では、食品流通に大きな役割を果たしている卸売市場制度、商品先物取引制度に加え、食品の規格と表示、食品衛生についてみていきます。

　食品流通加工に関する行政法規として言及すべきものは多いとはいえません。それは、一面では、食品を含めた商品全般の流通問題として産業政策的に、場合によっては独禁政策の観点から論じられることが多いためであり、また、食品安全の確保をはじめとして規制が必要な側面を除けば、基本的には、ビジネスの問題と考えられるためでもあります。

　食品安全は、農産物食品を通じた一大領域ですが、前章でみた農産物生産過程の安全以外の食品衛生等について、規格表示とも関係することから、この章で扱うことにしました。また、原発事故を契機として関心の高い放射能と食品について、食品衛生との関係で、言及します。

　農産物食品の国際流通が進み、また、最近の農林水産物食品の輸出促進という国家戦略との関係もあり、国際的な視点が不可欠な分野でもあります。

■ 1 卸売市場

　外国人観光客の人気スポット「築地市場」は東京都の開設する卸売市場の一つです。最終的に2018年中の築地市場の豊洲地区への移

転が決まりましたが、東京都政の重要懸案事項の一つともいわれてきました。

　卸売市場とは、野菜、果物、魚類、肉類、花等の生鮮食品等の卸売のために開設される市場であって、取引や荷捌きに必要な施設を設けて継続して開場されるものです。この卸売市場の健全な運営を確保して、取引の適正化、生産流通の円滑化を図るために、1971年に制定されたのが、**卸売市場法**です。

(1)　卸売市場の種類

　卸売市場には、中央卸売市場と地方卸売市場があり、前者は、都道府県、人口20万人以上の市などが、農林水産大臣の認可を受けて開設する卸売市場で、卸売の中核的な拠点となるものです。後者は、一定の面積を有するものとして、都道府県知事の許可を受けて、地方公共団体や株式会社が開設します（第2条等）。中央卸売市場、地方卸売市場は、それぞれ、名称中に、中央、地方を明記することと定められています（第3条）。たとえば、野菜、果物等では大田市場が、魚類では築地市場が、食肉では芝浦と場・食肉市場が、東京都が開設する中央卸売市場として、東京の生鮮食料品の流通に中核的な役割を果たしてきました。

　全国でみると、中央卸売市場は40都市に64市場、地方卸売市場は1081、うち公設は156市場（2015年度末）となっています。

(2)　取引の流れと卸売市場の役割

　卸売業者が出荷者（個人や農協等）から販売の委託を受けるか買い付けた生鮮食料品を、卸売市場において、決められた方法で、仲卸業者に販売し、仲卸業者は、さらに、一般小売店やスーパーといった小売業者に販売し、小売業者から消費者が購入するというの

が、典型的な取引の流れです。

中央卸売市場の卸売業者は、農林水産大臣の許可を受ける必要があり、純資産基準額等が定められており（第15条、第19条）、仲卸業者は市場開設者の許可を必要とします（第33条）。売買取引の方法については、せり売り、入札、相対取引（一の卸売業者と一の卸売の相手方が個別に売買取引を行う方法）であることが定められています（第35条）。

現実には、生産者とスーパーや外食等の実需者との間の契約取引、生産者と消費者とがダイレクトに結びつく地産地消といった動きなど、流通事情は変化してきており、生鮮食料品の市場経由率は一貫して低下してきました。

(3) 最近の改正

総合規制改革会議による「規制改革推進3か年計画」の閣議決定を受け、卸売市場における取引規制の緩和を図る必要があり、また、卸売市場をめぐる環境の変化に対応するため、2004年に法改正が行われました。

規制緩和関係の改正としては、卸売業者の買付け集荷の自由化、手数料規制の緩和等が行われ、そのほか、卸売市場の品質管理の徹底、仲卸業者の財務基準の明確化、卸売業者が行う取引情報の公表内容の充実等が図られました。委託手数料に関する規定以外は公布日から施行されました。

手数料については、第41条で「卸売業者は、中央卸売市場における卸売のための販売の委託の引受けについて、その委託者から業務規程で定める委託手数料以外の報償を受けてはならない」と定められていましたが、この条文が改正法で削除され、施行日は2009年4

月とされました。旧法のもとでは、野菜8.5パーセント、果実7パーセント、肉類3.5パーセント、花9.5パーセントと決められていましたが、2009年4月以降、市場開設者である自治体ごとに採用した手数料率に移行しました。卸売業者が自由に料率を定められる届出制を多くの自治体が採用しましたが、開設者の承認を必要とする承認制を採用した自治体もあります。東京都中央卸売市場は届出制を採用しましたが、ほぼ現行水準が維持されています。

　また、2018年には、国による中央卸売市場の認定等以外は、現行卸売市場法の国による一律の規制等は行わずに、各市場の実態に応じた創意工夫を促す方向での法律改正が行われます。

■ 2　商品先物取引

　商品取引所や商品市場における取引について定めていたのは、1950年制定の**商品取引所法**でしたが、2009年、海外商品市場における先物取引の受託等に関する法律と一本化されて、**商品先物取引法**となりました。経済産業省と農林水産省が共管しています（第354条）。

(1)　商品先物取引とは

　商品先物取引とは、将来の一定期日に一定の商品を売り又は買うことを約束して、その価格を現時点で決める取引であり、この将来の約束期日以前であれば、いつでも、反対売買（買っていたものを転売し、又は、売っていたものを買い戻す）して、取引開始時点と反対売買時点の商品価格の差額を清算して取引を終了（差金決済）することができます。現物の取引との違いは現物をもっていなくても先に売ることができる点にあります。

商品先物市場は市場メカニズムを基本とする資本主義経済に不可欠な存在とされ、公正な価格指標の形成機能や価格変動のリスクヘッジ機能を果たしています。ニューヨーク商業取引所（NYMEX）のWTI（ウェスト・テキサス・インターミディエイト）原油価格が世界の原油価格を左右し、シカゴ商品取引所（CBOT）の大豆価格が取引価格に反映されます。また、商社が価格変動の大きい商品を海外で買い付けると同時に先物取引を活用することによって、価格変動のリスクを保険つなぎするなどしています。

　同時に、一般投資家にとっての資産運用機能もあります。株式や債券などの代表的な金融商品と商品との価格の相関性は小さいとされており、ハイリスクハイリターンを承知のうえで、商品先物を組み合わせることで、安定した資産運用が可能ともいわれています。

⑵　商品先物取引の現状

　原油、穀物等資源の国際価格が不安定化するなか、世界全体の先物取引の出来高が増加する一方で、国内取引所の出来高は減少しています。東京工業品取引所（現東京商品取引所）の出来高は2004年には世界第３位でしたが、その後順位を落としており、国内の農産物商品市場も縮小しています。

　日本の商品先物市場の特徴として個人投資家の参加が多いことがあげられてきましたが、株式取引における証券会社の役割を果たしている商品先物取引業者（第２条第22項、第190条）の強引な勧誘等のトラブルは、取引所の取引では減少する一方、取引所外や海外先物取引等では増加しているといわれています。

　また、近時の資源価格の不安定化のなかで、わが国中小企業は、資源価格と為替変動がもたらす事業活動への影響を回避する必要性

に直面しているにもかかわらず、わが国商品取引所は事業者に十分には活用されていないという問題にも直面しています。

さらに、商品取引所の世界的な動きを見渡すと、ニューヨーク、シカゴ、ロンドンの歴史ある工業品、農産物の取引所はその地位を維持しているものの、経済成長に伴って商品のヘッジニーズが高まってきている中国で、1992年に商品先物取引が開始され、上海、鄭州、大連で出来高を伸ばしているほか、インドなどのアジアの取引所でも取引が増加しており、世界規模での競争が激化しています。

(3)　**最近の制度改正等**

このような状況をふまえて、2009年に**商品取引所法**等の一部改正が行われ、公布日以降、3段階に分けて実施されることとなりました。

使いやすい商品先物市場をつくるため、利用者がプロかアマかで行為規制に強弱をつけ、プロについては市場の円滑な利用を可能とするほか、商品取引所と金融商品取引所の相互乗入れを可能とし、取引の証拠金を銀行保証で代用可能としました。

透明な商品先物市場とするため、外国規制当局と連携し、相場操縦行為等の摘発が可能となるように、同規制当局の要請に応じた報告徴求制度を創設し、また、緊急時における証拠金引上げ命令等の規定を整備しました。

加えて、トラブルのない商品先物市場を目指して、消費者保護のための規制を強化しました。過去に行われた法律改正においても、商品取引会社への規制を強化してきているところです。

事業者にとって重要な公正な価格指標形成機能やリスクヘッジ機

能だけでなく、一般投資家にとっての資産運用機能の観点からも、日本の商品先物市場が世界に伍して健全に発展することは、日本経済にとって重要な課題であり、日本の商品取引所の生き残りをかけた厳しい取組みが進むものと考えられます。

⑷　商品取引所の再編

　商品取引所は、統合が進んできており、東京穀物商品取引所、関西商品取引所、東京工業品取引所、中部大阪商品取引所の4取引所時代には、東京穀物商品取引所と関西商品取引所で農産物を取り扱っていました。

　2011年に中部大阪商品取引所は解散し、経営不振により解散する東京穀物商品取引所から、一般大豆、小豆、とうもろこし、粗糖の4銘柄が移管された東京工業品取引所は、2013年に、株式会社東京商品取引所となりました。また、同年、東京穀物商品取引所から米先物市場を引き継いだ関西商品取引所は、大阪堂島商品取引所に名称変更しました。

　この結果、現在、農林水産物食品については、東京商品取引所で一般大豆、小豆、とうもろこしが、大阪堂島商品取引所で米国産大豆、小豆、とうもろこし、冷凍エビ、粗糖、国際穀物等指数と試験上場の米穀（東京コメ、大阪コメ、新潟コシ）が上場されています。

　また、2010年に閣議決定された「新成長戦略」において、証券・金融、商品を横断的に一括して取り扱うことのできる総合的な取引所創設の推進が盛り込まれました。証券取引所、金融取引所は金融庁が、商品取引所は経済産業省、農林水産省が管轄してきましたが、アジアの一大金融センターとして、新金融立国を目指す観点から、取り上げられたものでした。

世界を見回すと、国境、大西洋をまたぐ証券取引所、商品取引所の統合、グループ化が進められ、また、金融デリバティブ取引に進出する商品先物取引所もあります。

　日本国内では、商品取引所の再編のほか、東京証券取引所と大阪証券取引所が統合し、株式会社日本取引所グループが誕生しました。世界のなかでの生き残りをかけた戦略の策定と実現が求められています。

■ 3　食品の規格と表示

　農林水産物食品について、安全で一定の品質を確保するための「規格基準」とそのことを消費者が認識できる「表示」は最も重要な政策分野の一つです。食品の安全とも関係していますが、ある食品が規格基準に従い表示が適切であるとしても、それだけで食品の安全が確保されているわけではないことには注意する必要があります。その意味では、規格基準、表示と食品安全とは、関連しつつも、それぞれ固有の領域を有しているといえます。

　規格については、食品の安全性確保のための公衆衛生の観点からの食品等の規格は厚生労働省が定めていますが、専門性の高い分野でもあり、専門書に譲ることにして、ここでは、JAS規格を中心にみていくことにします。

　表示については、2009年の消費者庁発足にあたり食品表示課が設けられ、表示基準等の企画立案は厚生労働省、農林水産省と協議しつつ消費者庁が担当し、執行業務は消費者庁とこれらの官庁が連携して実施する体制となっています。

(1) JAS法の変遷

　JAS法は、1950年、**農林物資規格法**の制定時から数度の改正が重ねられてきました。2015年の**食品表示法**の施行に伴い、**農林物資の規格化及び品質表示の適正化に関する法律**から**農林物資の規格化等に関する法律**となり、さらに2017年改正で**日本農林規格等に関する法律**（以下、**JAS法**）になっています。

　法律制定当時は戦後の食料不足のなかで模造品が横行していたことから、農林物資の品質改善や取引の公正化を目的としてJAS規格が設けられました。農林大臣が定めるJAS規格による格付に合格したものにJASマークを付けて、品質を保証したのです。その後、1970年には、JAS規格のある品目について表示の基準が定められ、JAS規格制度と品質表示基準制度の2制度となりました。

図表14　食品表示法による表示

○食品衛生法、JAS法、健康増進法の食品の表示に関する規定を統合して食品の表示に関する包括的かつ一元的な制度を創設

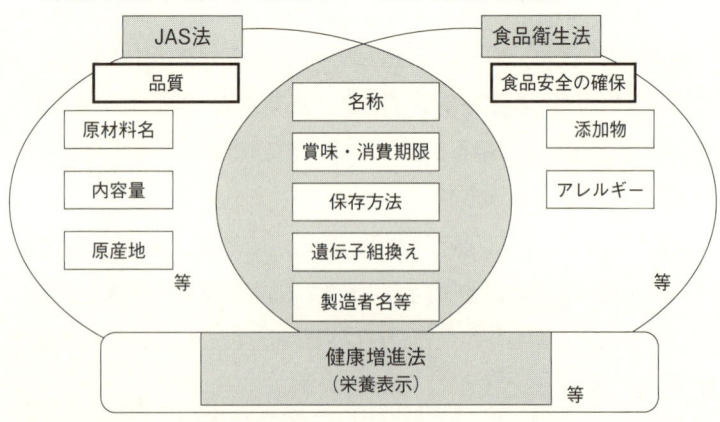

（資料）　消費者庁HPをもとに作成

1999年には、消費者に販売される全ての食品を品質表示基準の対象とすることとして表示を義務づけ、その一環として、生鮮食料品には原産地を表示することとしました。有機食品の検査認証・表示制度を創設したのもこの改正です。

　2002年には、品質表示基準に違反した企業の公表を迅速化し、罰則を強化しましたが、その後も、産地の偽装が相次いだことから、2009年改正では、原産地虚偽表示販売については、品質表示基準違反者に対して、立入り検査、是正指示、指示命令を経て、命令に従わない場合に罰則を科すという手続を経ずに、直接に罰金等に処するものとしました。

　その後、食品の表示は、統合されました。

⑵　JAS規格

　2017年の改正で、JAS規格は、農林水産大臣が農林物資（飲食料品、農林畜水産物とこれらの加工品）の品質だけでなく、生産工程（例：伝統製法の抹茶）や流通工程に関する規格、生産・販売等の経営管理の方法に関する規格（例：低温保管輸送）、試験測定分析等の方法に関する規格（例：養殖魚で臭み成分の測定分析方法）を制定するものになりました（第2条第2項）。規格が定められた品目は、農林水産大臣により登録された登録認証機関から、規格に適合していると認証を受けた事業者が、産品にJASマークを貼付でき、また、事業者の広告等にも記載できます。

　認証を受けるかどうかは自由であって、JASマークの貼付されていない製品の流通も制限されていないことから、JAS制度の意義は、品質等の保証として、消費者がJASマークを意味あるものと認識するかどうかにかかっており、改正された内容の普及が注目

されます。

⑶　食品表示基準

　食品表示法では、医薬品等を除き、添加物を含む全ての飲食物を食品として（第2条）、名称、アレルゲン（食物アレルギーの原因となる物質）、保存の方法、消費期限（食品を摂取する際の安全性の判断に資する期限）、原材料、添加物、栄養成分の量及び熱量、原産地等、表示されるべき事項を定める「食品表示基準」を、食品と事業者の分類に従って、定めることとしました（第4条）。内閣府令で具体的に規定しています。2015年4月の施行後、生鮮食品の表示については1年半、加工食品と添加物の表示は5年の経過措置期間（新基準の表示への猶予期間）が認められています。

　JAS法と**食品衛生法**で異なっていた食品の区分は、**JAS法**の品質表示基準でとられていた区分を基礎として、加工食品、生鮮食品、添加物に区分されました。また、事業者は、食品関連事業者と食品関連事業者以外の販売者に区分されています。

　表示義務の範囲は、大枠での変更はありませんでしたが、若干の変更がありました。あわせて、機能性表示食品制度が創設されました（基準第3条第2項）。疾病に罹患していない者に対し、機能性関与成分によって健康の維持増進に資する特定の保健の目的が期待できる旨を科学的根拠に基づいて容器包装に表示する食品であり、表示の内容、事業者に関する基本情報、安全性及び機能性の根拠に関する情報、生産・製造・品質管理の情報その他必要な事項を販売日の60日前までに消費者庁に届け出ることとなっています。

［加工食品の原料原産地表示］

　全ての加工食品について、重量割合上位1位の原材料の原産地を

義務表示の対象としますが、一定の条件を満たす場合には、過去の実績等をふまえた「又は表示」（例：Ａ国又はＢ国）、「大括り表示」（例：輸入）を認めるとともに、中間加工原材料は、「製造地表示」（例：Ａ国製造）を認めることとする食品表示基準の改正が、2017年９月施行されました。詳細については、相当にむずかしい内容であり、消費者庁ホームページや専門書に譲ることとします。

　従来は、一定の要件を満たす加工食品を対象に国別重量順で表示していましたが、TPP発効に備えた国内農業強化策の一環として政治的に検討が開始されたともいわれています。

　改正前の基準による表示が可能な経過措置期間が設けられていますが、食品製造販売過程における実行とチェック、諸外国との関係等、今後が注目されています。

[生鮮食品の表示]

　生鮮食品（農産物）が消費者向けに販売される際に表示が必要な事項は、名称と原産地です（基準第18条第１項）。

　一定の要件に該当する場合に表示が必要になる事項は、放射線を照射した食品、特定保健用食品、機能性表示食品、遺伝子組換え農産物、乳児用規格適用食品です（同条第２項）。また、食品の特性に応じて表示が必要な事項が基準別表24で定められ、容器包装に入れられた玄米精米等が定められています。

⑷　国際食品規格

　食品が国境を越えて流通する現在、コーデックス委員会において策定された国際食品規格であるコーデックス規格を理解することが非常に重要です。ベトナムの原料を使って、中国で１次加工され、さらに、日本に輸入されて製品とされ、日本の消費者に提供される

とともに、アメリカに輸出されるというようなことが常態化している
るからです。

WTO設立後、WTO加盟国政府は、国内規格は国際規格を基礎と
して策定する義務を負っています。

コーデックス委員会では、食品規格以外に、食品安全を含む幅広
い活動を行っていて、専門的な30近くの部会が設けられています。
規格基準等は、毎年開催される総会において採択されます。食品添
加物、汚染物質、動物医薬品、農薬、有害微生物の安全性評価等に
ついては、専門家会合で検討された結果をそれぞれの部会で審議し
たうえで、規格が作成されます。

[コーデックス食品表示部会]

全ての食品に適用される表示について議論するのは食品表示部会
です。取り扱う分野が食品安全そのものではないため、利害が対立
し、コンセンサスを得ることが困難な領域となっています。食品安
全は、**SPS協定**において、科学的根拠に基づくことが求められて
いますが、表示は、**SPS協定**以外の分野です。包装食品の表示に
関する一般規格（CODEX STAN-1）、栄養表示に関するガイドライ
ン（CAC/GL2）、有機的に生産される食品の生産、加工、表示及び
販売に関するガイドライン（CAC/GL32）などがあります。

食品表示法では、栄養強調表示について、コーデックス規格の考
え方を導入して、ルールを改善しました。

[その他の規格]

コーデックス規格のほか、国際的な食品安全マネジメントシステ
ム規格として、非政府間国際機関が定めるISO規格があり、加え
て、国際的な大手小売企業主導で展開されているGFSI規格もあり

ます。食品が国際的に流通する時代にあっては、実際のビジネスの現場で利用される規格が重要であり、引き続き、日本の経済成長戦略に位置づけて、日本に有利なかたちで展開できるようにしていくことが重要です。

(5) 地理的表示

　地理的表示は、農業産品に限られるものではありませんが、EUは農産品食品の地理的表示に関する独自の法制度を有し、地理的表示の法的枠組み強化に熱心な立場をとり、国際的な枠組みづくりに取り組んできました。

　一方、日本にはEUのような特別な法律はありませんでしたが、WTOの**TRIPs協定**でワイン、スピリッツに関する規定が設けられたことを受けて、**酒税の保全及び酒類業組合等に関する法律**の規定に基づき、ワイン、蒸留酒、清酒の地理的表示の保護のために、（酒類の）「地理的表示に関する表示基準」が定められました。さらに、地域特産品等の地域ブランドを保護するため、2006年に、**商標法**の体系のなかに、地域団体商標制度を導入しました。

　近時、日本の果物などが中国を含むアジアで高い評価を受けていることを受けて、青森りんごとの誤認を意図して、青淼を中国で商標登録するなどの事例が相次ぎました。そうした実態に対処するため、農産物や食品について、地域とのつながりを担保できる制度のあり方が議論されてきました。

　こうした動きをふまえ、**地理的表示法**（GI法）が2015年に施行されました。農林水産物、飲食料品のうち、特定の場所、地域又は国を生産地とし、品質、社会的評価その他の確立した特性がその生産地に主として帰せられるものである場合に、その名称の表示を「地

理的表示」として、生産地や品質等の基準とともに登録することができます。GIマークが付与されると、生産者は登録された団体への加入等により、「地理的表示」を使用することができ、不正な地理的表示の使用は行政が取締りを行います。

　2015年中に、夕張メロン、但馬牛などの登録が行われており、すでに登録数は60件を超えています。

　地理的表示はEUの関心事項であり、日EU・EPAでも、議論の対象となりました。

■ 4　食品衛生

　食料難時代の1947年に制定された**食品衛生法**は、公衆衛生の見地から必要な規制その他の措置を講じることにより、飲食に起因する衛生上の危害の発生を防止し、国民の健康を保護することを目的とする厚生労働省主管の法律です。消費者庁設置に伴い、食品の表示等について、厚生労働省のほか、消費者庁が共管しています。

　農林水産省設置法第4条第14号では農林水産省の所掌事務について、「農林水産物の食品としての安全性の確保に関する事務のうち生産過程に係るものに関すること（食品衛生に関すること及び環境省の所掌に係る農薬の安全性の確保に関することを除く。）」と定められています。食品衛生が厚生労働省の所管だからです。どこの省庁の所管であれ、国民、消費者にとっては、食品の安全が確保されればよいわけであり、食品・農産物の法制度を考える場合、食品衛生法を除外することはできません。いくつかのトピックを取り上げます。

(1) 食品製造過程の衛生管理とHACCP

HACCPによる食品の衛生管理が、いままた、関心を集めています。食に関するグローバル化が進展し、フードチェーンが長く、かつ、複雑化するなかで、食品安全を確保するため、不可欠のツールであり、日本の経済成長戦略の一翼を担う食品輸出促進と東京五輪等への対応のためでもあります。

食品原材料の受入れから最終製品までの工程ごとに、微生物、化学物質、金属の混入などの潜在的な危害を予測（危害要因の分析）したうえで、危害の発生防止につながる特に重要な工程（重要管理点）を継続的に監視・記録する工程管理のシステムです。これまでの抜取検査に比べ、より効果的に問題のある製品の出荷を未然に防ぐことが可能となり、また、原因追及が容易になります。

コーデックス委員会が1993年に7原則12手順からなるガイドラインを作成したことを受け、日本では、1995年に、HACCPによる衛生管理を、総合衛生管理製造過程承認制度（通称、マル総）として、**食品衛生法**に位置づけました（第13条）。営業者の任意の申請に応じて審査し、厚生労働大臣が施設ごと、食品ごとに承認しています。対象食品は、政令により、乳製品、食肉製品、魚肉練り製品、清涼飲料水等となっています。2000年、総合衛生管理製造過程の承認を受けていた施設において、過去に例をみない大規模食中毒事件が発生したことを受けて、制度の見直しが行われました。制度を作ったからといっても、適切な運用と必要なチェックが何よりも重要であることは言うまでもありません。

食品輸出や五輪等開催を契機として、いま、なぜ、また注目を集めているかといえば、欧米を中心に世界では、HACCP義務化が進

められていますが、日本では義務化していないからです。義務化に向けた議論が進められてきており、2018年に、HACCPによる衛生管理の制度化、それに伴う総合衛生管理製造過程承認制度の廃止などを内容とする食品衛生法の改正が行われ、五輪までに実施される予定です。

　ロンドン五輪等以来、食材は環境や食品安全に配慮した基準に沿ったものを調達する流れが定着していることに加え、日本食品の輸出促進とも関係して、待ったなしの状況です。日本の大手食品製造業では、8割以上でHACCPが導入されているものの、中小企業では3割程度にとどまっており、導入義務化に向けた啓発支援が重要です。HACCP導入を支援する**食品の製造過程の管理の高度化に関する臨時措置法**（ハサップ支援法）が、一部拡充されたうえで、2023年まで延長されました。

⑵　**国際的な食品安全マネジメントシステム**

　食品安全ハザードのリスク分析の手法をHACCPから、マネジメントシステムの考え方をISO9001から、それぞれ取り入れて作成された食品安全マネジメントシステム規格がISOによるISO22000で、世界的に利用されています。フードチェーンに関わる全ての組織が認証の対象となっています。他に、FFSC（食品安全認証財団）による欧州中心のFSSC22000、米国小売り協会によるアメリカ・オーストラリア市場中心のSQFなども存在しています。

　さまざまな取組みが併存するなか、グローバル規格の必要性が認識され、2000年、グローバルに展開する小売業の集まる国際チェーンストア協会（CIES）の会合で、GFSI（Global Food Safety Initiative）が発足しました。食品安全のリスクを低減しつつ、消費者

の信頼、コスト削減等も目指して、GFSIが定めたガイダンスドキュメントへの適合性を審査し、承認するシステムを取り入れました。FSSC22000、SQFやGLOBALG.A.P.等は承認を得ています。

　わが国の食品産業が生き残るためには、輸入食品との競争がある国内市場のみならず、国際市場において、しかるべく認知されることが重要です。食品安全を含めた世界的な枠組みに積極的に参画するため、政府による国内の枠組みづくりや支援が重要です。

(3)　乳幼児を対象とする調製液状乳の規格基準

　2018年3月、液体ミルクの国内製造販売解禁に向けて、具体的に動き始めたと報道されました。厚生労働省の薬事・食品衛生審議会、器具容器包装・乳肉水産食品合同部会の議事をふまえたものです。

　海外ではすでに流通しており、熊本地震の際に救援物資として届けられましたが、それ以前から、消費者からの要望があり、2009年には、事業者団体である日本乳業協会から、10度以下及び常温で流通する製品の規格基準の設定の要望が出されていました。

　乳及び乳製品については、**食品衛生法**、乳及び乳製品の成分規格等に関する省令（通称「乳等省令」）により、公衆衛生の見地から、規格基準が定められており、製造販売のためには、規格基準の設定が必要となっています。事業者団体からのデータ提出をふまえ、規格基準設定について、食品安全委員会による評価を受けた後、省令改正等の手続が行われます。

■■■　5　放射能と食品

　2011年3月11日に発生した東日本大震災に伴う東京電力福島第一

原子力発電所の原子炉事故により、放射性物質が飛散したことから、放射能汚染と食品について、多くの国民が関心をもつことになりましたが、それ以前からの論点として、食品への放射線照射というものもあります。

(1) 原発事故後の議論

放射能汚染された食品に関する規制値は設定されていなかったため、有毒、有害な物質が含まれ、付着し、又は、その疑いがある食品の販売等を規制することを定めている**食品衛生法**第6条第2号に基づき、暫定規制値が定められました。食品安全委員会による評価を経て、原子力安全委員会により示された指標値を暫定規制値としました。放射性ヨウ素については、それぞれkg当たり、飲料水、牛乳・乳製品は300Bq（ベクレル）、野菜類、魚介類は2000Bq、放射性Sc（セシウム）は飲料水、牛乳・乳製品は200Bq、野菜類、穀類等は500Bq等とされました。

原子力災害対策特別措置法では、原子力緊急事態への対応等を定めており、内閣総理大臣は、関係市町村長・都道府県知事に対し、避難のための立退き又は屋内への退避の勧告又は指示を行うべきこと、その他の緊急事態応急対策に関する事項を指示するものとされており、この権限に基づき、暫定規制値を上回る原乳、野菜の出荷制限、摂取制限を指示しました。

［新基準値と検査］

その後、より一層、食品の安全を確保するため、長期的な観点から新たな基準値が設定され、2012年4月施行されました。放射性物質を含む食品からの被ばく線量の上限を年間5mSv（ミリシーベルト）から1mSvに引き下げ、これをもとに放射性Scの基準値を設

定しました。

　1kg当たり、一般食品100Bq、乳児用食品と牛乳50Bq、飲料水10Bqです。Sc以外の放射性物質を対象としていないのは、半減期が1年以上の全ての放射性核種を考慮し、Sc以外は、Scと他の核種の比率を用いて、全てを含めても被ばく線量が1mSvを超えないように設定しているとのことです。

　地方自治体では、基準値を超えた食品が市場に出回らないように、原子力災害対策本部の方針に基づいた検査を行っており、各自治体等で実施した放射性物質の検査結果は、厚生労働省と各自治体のホームページで公表しています。

　2014年段階で基準値を超過したのは、調査したもののうち、豆類で0.1パーセント、きのこ・山菜類で1.2パーセント、水産物で0.5パーセントであり、その他の品目では超過したものはありませんでした。

⑵　放射線照射食品

　原子力災害時における食品の安全確保は最重要事項ですが、平時における食品と放射線に関しては、殺菌、殺虫、発芽防止のための食品への放射線照射が議論されてきました。

　日本では、**食品衛生法**、厚生省告示第370号に基づき、食品への放射線照射は原則的に禁止されていますが、発芽防止の目的で、ばれいしょに0.15kGy（キログレイ）照射することが、1972年に認められました。1978年にベビーフード原料用粉末野菜に放射線殺菌して販売したため食品衛生法違反で有罪判決が出ているほか、輸入食品での違反事例も出ています。2000年には、欧米で認められている香辛料について、全日本スパイス協会は、微生物汚染の低減化を目

的とする放射線照射の許可を求めています。2005年に閣議決定された「原子力政策大綱」に基づき、原子力委員会において放射線利用推進の立場から食品への放射線照射について審議が行われた結果、2006年、食品への放射線照射は食品安全行政の観点から妥当性を判断する必要があるとされ、厚生労働省は、有用性が認められる食品への放射線照射について検討・評価するよう求められています。このため、厚生労働省では、薬事・食品衛生審議会食品規格部会で検討していました。さらに、牛レバーへの放射線照射の効果検証の研究も進められているとのことです。

日本では、食品への放射線照射について、消費者の正確な理解が進んでいないといわれ、また、情報の不足や安全性への懸念が指摘されてきました。福島第一原発問題は、食品への放射線照射議論にも、影響を与えています。

世界的にみれば、30年以上前に国際規格が定められており、アメリカ、EUをはじめとして、食品への放射線照射の基準が定められています。最近、植物検疫処理のための放射線照射が注目されており、アメリカでは、二国間協定に基づき照射処理されたマンゴーをはじめとする果実がインドなどから輸入されており、今後、米国産の照射果実の輸出も進むと予想されています。食品への照射の過半は、中国、アメリカで実施されているといわれていますが、多くの国々で、食品への照射が行われており、TPP等による農産物、食品貿易の活発化が予想されるなかで、実態の把握と科学的根拠に基づく議論が不可避です。

第 2 節

Q.1 食品関係企業が知っておくべき法律は他にもありますか

ポイント さまざまな法律があり、食品関係企業等が利用できるものとなっています。

解　説

　食品流通構造改善促進法、特定農産加工業経営改善臨時措置法、食品の製造過程の管理の高度化に関する臨時措置法といった農林水産省が主管する食品に関する法律だけでなく、**中小小売商業振興法、流通業務の総合化及び効率化の促進に関する法律**等、経済産業省を中心としつつ農林水産省等も共管する法律があります。

　これらは、基本的には、政府が望ましいと考える方向に誘導するために基本方針等を定め、事業者等が当該方針等に沿った事業計画等を定めて実践する場合に、補助、融資、課税の特例等を認めることを主たる内容とするものです。法律の構成は、似通っています。手続は煩雑なことも少なくないと思われますが、食品関係企業として、使える支援措置があれば、活用することをお勧めします。

Q2　食品流通をめぐり何が議論されていますか

ポイント　食品流通における慣行、食品農水産物の国際流通のための戦略等が議論されています。

解　説

　法令に基づくものではない慣行等が、農産物、食品の流通過程で、重要な要素となっていることをふまえ、食品等の流通の合理化について議論されており、定期的な調査の結果、不公正な取引方法があると考えられる場合に公正取引委員会に通知すること等が検討されています。

　また、農林水産業の成長産業化政策のもとで、農林水産業の輸出力強化が重要な課題となっています。日本の農水産品、食品等が、国際市場において勝ち残っていくためには、安全性、規格等の面で、国際商品として認知され、受け入れられ、国際的に「流通」することも重要です。

Q3 卸売市場について何が問題となっていますか

ポイント

生鮮品流通の中核的な制度である卸売市場制度について、政府の関与のあり方を含めた、食品流通構造の現代的課題への対応が急務となっています。

解　説

　そもそも卸売市場は、大量多品種の生鮮産品を迅速に流通させる仕組みを提供し、需給を反映した適正かつ透明な価格を形成するとともに、代金決済の機能等を果たすことを期待されています。しかしながら、コールドチェーンの整備が遅れ、品質確保が十分にできない等のために、生産者とスーパーなどが直接取引することが増加して、価格形成のプロセスが見えづらくなっています。市場利用率の低下は、代金決済を担う卸売業者、仲卸業者の経営悪化を招く事態となっています。こうした変化に対応した制度改正が行われてきたところです。

　現在、デフレ経済が常態化するなかで、日常生活に必要不可欠な生鮮品の価格形成については、需給を反映するよりは、需要サイドの低価格化要請により、生産者価格は低位安定しているとの生産者サイドの実感があります。他方、消費サイドでは、生産者価格が下がっても、流通コスト等の要因により、価格が下方硬直的なのではないかとの実感もあります。そもそも農産物については、生産者コ

ストを前提とした価格関連制度や需給調整制度等の施策が実施されてきており、完全な意味での自由主義経済による価格形成が行われてきたわけではありません。したがって、需給を反映した適正かつ透明性のある価格形成という卸売市場の機能を考える際には、農産物の価格形成がどうあるべきなのかを念頭に置きつつ、卸売市場の果たすべき役割、期待される機能を考えていく必要があります。価格形成は市場に任せ、農業、農家の再生産を維持するための農業経営コストの不足部分については直接に補償するというのも一つの考え方です。

　卸売市場の問題を考える場合には、食品の特性として、その安全性が鮮度や品質保持と関係していることに鑑みれば、必要な施設整備と適正な運用というハードとソフト両面での考察が重要です。

　また、物流の効率化、情報通信技術の導入、海外市場への輸出など、今日的な課題への対応も急務となっており、全体的な食品流通構造の改革のなかで、卸売市場の制度改革とその実現が進められています。

ポイント　日本の商品先物取引は、江戸時代に米から始まりましたが、現在、試験上場が継続中です。

解　説

　そもそも、日本の商品先物取引は江戸時代の大阪で米から始まりましたが、昭和に入って、戦時下の経済統制に伴い姿を消した経緯があります。

　2003年の米不作時に卸会社などが損失を抱え、ヘッジの場を求める声が高まったとの話もありますが、改正食糧法のもとでも、政府備蓄や輸入に関する制限、生産数量制限があるなかで、価格主導権を失うことを懸念する農業団体の抵抗が強いともいわれてきました。

　世界的にみて、米は生産流通量が限られ、国際的な指標価格としては、タイの長粒米が基準となっており、2004年からタイにおいて米の先物取引が開始されています。現在は、長粒種について、アメリカ、中国、タイで、短粒種について、中国で、すでに取引が行われているとのことです。日本が短粒米の輸出に本気で取り組むのであれば、価格調整等の痛みを伴うにしても、米の上場議論は、避けて通ることはできないのかもしれません。日本で始まった先物取引について、中国等に先を越されているという感じは否めません。

2011年３月、東京穀物商品取引所と関西商品取引所は、２年間の米穀先物の試験上場を農林水産省に申請しました。2005年の試験上場申請に対して、農林水産省は、コメの生産調整に支障をきたすおそれがあるとして認めませんでしたが、2011年７月、２年間の試験上場を認可しました。

　2013年には、東京穀物商品取引所に試験上場中だった米穀を引き継いだ大阪堂島商品取引所（旧関西商品取引所）に２年間の延長を認可し、さらに2015年、2017年に、２年間の延長が認可されています。今後の動向が注目されます。

食品表示法制定で何か変わったのですか

ポイント かつては、異なる法律に根拠のある表示が併存していましたが、利便性等の観点から、2015年に**食品表示法**が制定されました。一定範囲の統合が実現するとともに、表示すべき内容等も一部変更になっています。

■ᵥ■　　　　　　　　**解　説**　　　　　　　■ᵥ■

　かつては、食品の安全性確保のための公衆衛生の観点からの食品等の規格基準と表示は厚生労働省の所管事項、JAS規格と農林物資の品質の表示は農林水産省の所管事項でした。

　また、**JAS法**による表示、**食品衛生法**に基づく期限表示やアレルギー表示のほか、**健康増進法**に基づく栄養表示や特定保健用食品に関する表示、さらに**計量法**に基づく内容量表示、**不当景品類及び不当表示防止法**（景品表示法）に基づき認定された業界の自主的ルールである公正競争規約に従った旨の表示（牛乳類に表示されている「公正」のマーク）等が併存しており、商品の裏面、側面などにこれらの記載が一括して行われていました。

　消費者にとっては、どのような法律に基づくかにかかわらず、必要な情報が的確かつわかりやすく一括して記載されていれば十分です。消費者の利便性から、また、商品を製造する側にとっての利便性からも、食品表示行政の一元化が望まれていました。

消費者庁設置から数年を経て、**食品表示法**が2013年に制定され、**JAS法**、**食品衛生法**、**健康増進法**の表示に関する部分が統合され、2015年施行されています。

　この機会に変更された点は、以下のとおりです。

①　これまで表示義務のなかった栄養成分について、原則として、全ての消費者向けの加工食品、添加物に、エネルギー、たんぱく質、脂質、炭水化物、ナトリウム（食塩相当量で表示）の表示を義務づけ

②　栄養強調表示のルール改善（熱量等の低減や食物繊維等の強化の場合に基準値以上の絶対差に加え、25パーセント以上の相対差が必要、無添加表示強調表示の要件も設置）

③　栄養成分の機能が表示できるものとして、新たにn－3系脂肪酸、ビタミンK、カリウムを追加

④　アレルギー表示のルール改善（症状が重篤又は症例が多い特定原材料は全て表示等）のほか、原材料名表示、添加物表示、表示レイアウト等も改善

有機JAS規格とはどういうものですか

ポイント　化学肥料、農薬の使用を避けること等の要件を満たし、検査認証された農産物やそうした農産物からつくられた加工食品に関する規格です。

解　説

　有機農産物JASのほか、有機加工食品JAS、有機飼料JAS等は、告示により、規定されています。

　有機農産物JAS規格等に適合した生産が行われていることを登録認証機関が検査し、その結果、認証された事業者のみが有機JASマークを貼ることができます。この「有機JASマーク」がない農産物と農産物加工食品に、「有機」「オーガニック」などの名称の表示や、これと紛らわしい表示を付すことは法律で禁止されています。

　JAS法に定められた基準に基づいて農林水産大臣が認定した登録認証機関は、有機農産物の生産農家等からの申請を受けて、審査を行い、認証します。圃場等が有機の生産基準を満たしているか、生産管理や記録を適切に行うことができるかを書類審査と実地検査により確認したうえで、認証することとなっており、認証を受けた有機農産物の生産農家等は有機JASマークを添付して市場に供給できます。生産基準は、圃場、種子、肥培管理、有害動植物駆除の

ほか、収穫、輸送、洗浄等収穫以後の工程の管理についても定めていますが、重要なポイントは、堆肥等による土づくりを行い、播種、植付前2年以上及び栽培中（多年生作物の場合は収穫前3年以上）、原則として科学的肥料及び農薬はしないことと遺伝子組換え種苗を使用しないこととされていることです。

コーデックス委員会とはどういう組織ですか

ポイント FAOとWHOにより設置された国際的な政府間機関で、国際食品規格の策定等を行っています。

解　説

　コーデックス規格の作成等を行っているコーデックス委員会は、1962年にFAOとWHOにより設置された国際的な政府間機関です。事務局は、FAO事務局内に設けられています。消費者の健康の保護、公正な食品貿易の確保を目的に、食品の規格、ガイドライン、実施規範等を作成しています。WTO設立後は、**WTO協定**の一部をなす**TBT協定**や**SPS協定**により、WTO加盟国政府は、国内規格について国際規格を基礎として策定する義務を負っています。

　各部会、専門家会合では、分野によっては、専門家による科学的根拠に基づく議論が行われていますが、最終的には、各国政府間での国際的なルールの設定を目指すものであり、各国の立場が反映されることとなります。各国の立場とは、図式化していえば、なるべく規制されずに輸出をしたい農産物輸出国と安全で質のよいものだけを輸入できるようにしたい国との対立ということがいえます。前者の立場を代表するのが、アメリカ、カナダ、オーストラリアであり、後者がEUの国々です。アメリカ、EUの間で立場を異にする点は、食品関連の危険分析をどのように考えるか、万が一の場合に備

えた予防原則という考え方を認めるのか、生産された農産物の加工の過程を含めて消費者に渡るところまでの追跡可能性をどの程度厳格に考えるか、原材料の表示をどこまで求めるか、地理的表示をどこまで求めるか等、ありとあらゆる論点にわたっています。

日本は、安全性を重視する消費者の立場を尊重しつつ、一方で、食料を輸入に頼らざるをえない事情もあり、問題点ごとに是々非々で対応しており、アメリカ、EUの中間に位置しているのではないかと思われます。

今後とも、輸入に多くを依存せざるをえない日本にとっては、最も重要な取組みであることに変わりはなく、専門的分野での継続的な専門家の育成、事務局への専門家の派遣、議論への積極的な参加等が非常に重要です。

Q.8 製造年月日から消費期限、賞味期限に変更になった理由は何ですか

ポイント コーデックス規格の定めに従い、消費期限、賞味期限に変更されました。

解　説

　製造年月日から期限表示に変更になったのは、1985年に採択されたコーデックスの包装食品の表示に関する一般規格で、日付については、別途の定めがない場合、「賞味期限」とすることとなったためです。「包装食品の表示に関する一般規格」の第4「義務的に表示すべき事項」の一つとして、日付表示と保存方法を掲げています。

　当時、日本では、製造年月日、輸入年月日で表示していましたが、WTO加盟国政府は、国内規格についてコーデックス規格を基礎として策定する義務を負っており、国際規格が期限表示となったことから、食品衛生調査会とJAS調査会での審議答申を経て、1995年、食品衛生法施行規則と加工食品品質表示基準（農林水産省告示）を改正して、賞味期限と消費期限に転換しました。

　義務的表示事項として、全ての品質が保持される賞味期限（おいしく食べることができる期限）を定め、製造後速やかに消費すべき食品の場合には、安全性を欠くこととなるおそれがない消費期限（期限を過ぎたら食べないほうがよい）を表示すべきこととしました。

現在、**食品表示法**では、食品表示基準に定める事項の一つとして、消費期限を規定し、食品表示基準において、義務表示事項として、消費期限又は賞味期限を規定しています。消費期限は、定められた方法により保存した場合において、腐敗、変敗その他の品質の劣化に伴い安全性を欠くこととなるおそれがないと認められる期限を示す年月日、賞味期限は、定められた方法により保存した場合において、期待される全ての品質の保持が十分に可能であると認められる期限を示す年月日と定義されています。

Q 9 シャンパンなどの地理的表示はどのように議論
されてきましたか

ポイント WTOだけでなく、その他の知的所有権関連の国際機
関で議論されてきています。

解　説

WTOにおける議論

　地理的表示とは、WTOの**TRIPs協定**によれば、「ある商品に関
し、その確立した品質、社会的評価その他の特性が当該商品の地理
的原産地に主として帰せられる場合において、当該商品が加盟国の
領域又はその領域内の地域若しくは地方を原産地とするものである
ことを特定する表示のことである」とされます（第22条）。商品の
単なる生産地表示ではなく、シャンパンのように、発泡性ワインの
うち、生産地表示が生産地に由来する商品の品質や評判を想起させ
るものをいいます。**TRIPs協定**では、消費者の誤認混同を要件に、
WTO加盟国に地理的表示に対する一般的な保護や商標に関する措
置を求め、さらに、ワインとスピリッツ（蒸留酒）については、誤
認混同の有無を問わず、法的な保護を与えることを求めるととも
に、通報・登録のための多数国間制度を創設することを規定しまし
た（第23条）。

　WTO・DRにおいては、多国間通報制度の具体化、ワイン、ス
ピリッツについてのみ認められている追加的な保護の対象範囲の拡

大等に関して、議論が進められてきました。しかしながら、そもそ
も、地理的表示を保護する法的根拠は、特別の地理的表示法、商標
法、消費者保護法、慣習法等各国の事情はさまざまであり、こうし
た違いが議論をより複雑にしている面は否めません。表示を通じて
消費者に訴えることにより、商品の価値を高め、差別化を図ること
が地理的表示の重要な側面である以上、貿易を議論するWTOにお
いて、**TRIPs協定**との関連で議論されるのは重要なことです。農
産物の地理的表示をWTO農業交渉において議論することにより、
農業交渉の進展に役立てようとの立場をとる国がある一方、反対す
る考え方もあります。

WTO以外の場での国際的な議論

　WTO以外の国際的な枠組みも存在しています。

　地理的表示に関する最初の多国間協定は、**工業所有権の保護に関
するパリ条約**（1883年）であり、虚偽表示された物品の流通を防ぐ
ために原産地表示と原産地名称の保護を保障するものです。**パリ条
約**は、WIPO設立後は、同機関で管理されています。

　パリ条約に続く**虚偽又は誤認を生じさせる原産地表示の防止に関
するマドリッド協定**（1891年）では、**パリ条約**の保護をわずかに拡
大するとともに、ワインの原産地の地方的名称について加盟国の法
令による普通名称化を禁止しましたが、その後、数度の改正が行わ
れています。

　さらに、**原産地名称の保護及び国際登録に関するリスボン協定**
（1958年）では、原産地名称の保護を目的とする国際登録制度を定
めました。協定の対象物は限定されておらず、農産品も含まれます

が、加盟国は限定されており、日本も加盟していません。**パリ条約**だけでなく、**マドリッド協定**、**リスボン協定**も、WIPOによって管理されています。

Q10　EUとの取引で知っておくべき地理的表示制度はどうなっていますか

ポイント
　フランスの制度に端を発するEUの農産品食品に関する地理的表示制度は、品質の付加価値による差別化戦略に活用されており、EUとのビジネスにおいては、理解しておくことが重要です。

解　説

　理事会規則に基づき、農産物、食品を対象に、一定の要件を満たすものについて申請を受け付け、EU加盟国、さらに欧州委員会の審査を経て、要件を満たしているとされると、登録、EU官報告示されます。登録名称等の第三者による商業的使用が禁止されます。EU域外からの申請も可能です。

　原産地呼称保護（PDO）と地理的保護表示（PGI）があり、当該名称が当該地域、特定地、国に由来することを要件とすることまでは同じですが、PDOでは、生産・加工・調整の全てが特定地域で行われる必要があり、当該物の品質・特性が特定の地理的環境に本質的かつ排他的に起因することまで求めているのに対し、PGIでは、生産・加工・調整のいずれかが特定地域で行われ、当該原産地に起因する特定の品質・名声等の特徴を有すればよいとされます。

　また、地理的地域とのつながりが必ずしもあるわけではないものの、別の理事会規則に基づく伝統的特産品保証（TSD）という制度

もあります。

　保護対象品目は農産物食品を広範にカバーしていますが、登録実績でみると、チーズ、肉・肉製品、油脂、野菜果物などが多く、国別ではフランス、イタリア、スペイン、ポルトガル等が多くなっています。EUはこのような制度を有しており、知的財産権戦略の一環としてだけでなく、農業分野における品質の付加価値による差別化戦略として重視しており、前述したように、WTO、EPA等における農業交渉の取引材料として位置づけています。

　EUの地理的表示制度は、もともとは、フランスの制度に端を発しているといわれます。PDOの原型はすでに20世紀の早い段階で国の制度となって以来、制度の充実が図られてきており、現在は、農業漁業省の管轄下にある国立原産地品質研究所（INAO）のもとで、管理されています。

食品衛生法では何を規制していますか

ポイント　食品の安全性を確保するために、公衆衛生の見地から必要な規制等を定めています。

解　説

　食品衛生法で定義する食品は「全ての飲食物」であり、食品添加物とは「食品の製造過程において又は食品の加工・保存の目的で、食品に添加、混和、浸潤その他の方法で使用するもの」とされています（第4条）。厚生労働大臣は、審議会の意見を聞いて、販売の用に供する食品、添加物の製造等の方法について基準を定め、成分について規格を定めることができます。規格、基準の定められた食品等については、基準にあわない方法による製造、加工、使用、調理、販売等、規格にあわない食品等の製造、輸入、加工、販売等は禁止されています（第11条）。食品、添加物等を輸入する者は届出が必要（第27条）であり、検疫所での審査を経て、検査が必要とされた場合には、さらに手続が必要となります。

　厚生労働省、都道府県、保健所を設置する市と特別区は食品衛生向上のために必要な措置を講じなければならないとの責務を定め（第2条）、必要がある場合に、営業者からの報告の徴収、臨検、食品等の収去等ができることとなっています（第28条）。飲食店営業には都道府県知事の許可が必要です（第52条）。また、食品等事業

者は安全な食品を供給するために必要な措置を講ずるよう努めるべきことが定められ（第3条）、個別の規定違反に対する罰則も定められています（第71条以下）。

　厚生労働省は巨大官庁であり、旧厚生省の所掌分野に限っても対象行政分野が多岐にわたるため、医療、薬事が優先され、食品衛生については、重大な健康被害や毒性が顕在化しない限り、後回しにされがちであるとの声もあり、食を中心とする農林水産省で一括管理すべきではないかとの意見もあります。他方、食品と薬品は隣接する分野であり、アメリカにおいてもFDA（食品医薬品局）において食品安全と医薬行政が一体的に管理されているという事実もあります。どのような組織のあり方にも一長一短があり、今後とも、関係行政機関、関係者が相互に連携しつつ、国民、消費者の健康を守っていくシステムを充実させることが何より重要です。

Q12 HACCPを取り入れた衛生管理の国際情勢はどうなっていますか

ポイント 多くの国で、義務化が進められており、海外進出の際には留意する必要があります。

解　説

　EUでは、2004年より、一次生産を除く全ての食品の生産、加工、流通事業者にHACCPの概念を取り入れた衛生管理を義務づけており（水産食品、食肉、食肉製品、乳、卵・卵加工品、ゼラチン等は詳細要件あり）、中小企業や地域における伝統的な生産方法等に対しては、「柔軟性」（Flexibility）が認められています。

　アメリカでは、1997年より、州を越えて取引される水産食品、食肉・食鳥肉及びその加工品、果実・野菜飲料について、順次、HACCPによる衛生管理を義務づけており、2011年に成立した**食品安全強化法**では、米国内で消費される食品を製造、加工、包装、保管する全ての施設のFDAへの登録とその更新を義務づけるとともに、対象施設においてHACCPの概念を取り入れた措置の計画・実行を義務づけています。

　さらに、韓国、台湾等をはじめとして、多くの国で、順次品目を広げて、HACCPを義務化しています。

Q13 海外における食品中の放射性物質に関する規制はどうなっていますか

ポイント コーデックスの基準があるほか、各国がそれぞれ定めています。

解 説

スリーマイル島原発事故（1979年）、チェルノブイリ原発事故（1986年）を経験しているアメリカ、EUでは、食品中の放射性物質に関する基準値が定められています。また、国際機関によるものとしては食品及び飼料中の汚染物質及び毒素に関するコーデックス一般規格（CODEX/STAN 193-1995）が定められています。

アメリカでは、FDAのコンプライアンス・ポリシー・ガイド（CPR Sec.560.750）で、州を越え取引される食品と輸入食品への介入レベルとして、1kg当たり、Sc（セシウム）134、137で1200Bq（ベクレル）等を定めています。

EUでは、規則3954/87で、放射線緊急時における最大許容量を定めています。1kg当たり、Sc134、137で飲料水、乳製品は1000Bq、一般食品1250Bqとなっています。

コーデックス一般規則においては、放射線緊急時における年間1mSv（ミリシーベルト）を介入レベルとして、1kg当たり、ヨウ素等100Bq、Sc134、137が1000Bq、プルトニウム等については、乳児用は1Bq、乳児用以外は10Bqとしています。

その国の食品を取り巻く状況、規制の考え方、内容が異なり、単純な比較はむずかしいですが、国民の関心事項ですので、今後とも、わかりやすい情報の提供が重要です。

なお、原発事故に伴い諸外国・地域において講じられている日本からの農水産物等の輸入規制は、政府一体となった働きかけの結果、規制が緩和・撤廃されつつあります。

Q14　食品への放射線照射に関する国際情勢はどうなっていますか

ポイント　国際規範が定められているほか、アメリカ、EUにおいて、基準を設けたうえで食品への放射線照射が認められています。

解　説

　1950年代にアメリカ、ソ連等で食品への放射線照射実用化に向けた研究が始められ、1960年代から、WHO、FAO、IAEAが放射線照射食品の安全性評価に取り組んできました。10kGy（キログレイ）まで照射しても問題はないとして、1983年には、コーデックス委員会において、照射食品に関する一般規格と食品の放射線処理に関する国際規範が採択されました。照射食品の一般規格が定められ、食品照射に利用できる線源の種類と吸収線量の上限、表示などについて定め、国際規範では、線量の計測、記録の作成、HACCP採用などについて定めました。その後、FAO／IAEA／WHO合同会合の議論を経て、1997年には、10kGyを超える高線量であっても安全であるとされました。

　Gyは放射線の被曝を扱う際に使われる単位で、１kgの質量中に１J（ジュール）のエネルギーを付与されたときに１Gyとなります。また、Sv（シーベルト）はGyに生物反応を考慮した定数をかけたもので、γ、X線ではこの定数が１、つまりGy＝Svになりま

す。日本でばれいしょへの使用が認められているのはγ線です。

　アメリカでは、**連邦食品医薬品化粧品法**の食品添加物規制権限に基づき、1958年以来食品照射について定められてきましたが、①1kGy以下の食品照射は安全、②スパイスなど毎日の食品に占める割合が0.01パーセント以下の食品類については50kGy以下の線量まで安全、③1kGy以上照射された食品の許可にあたっては、遺伝毒性試験と90日間にわたる動物飼育試験での安全性データが必要、としているようです。FDAは香辛料、鳥肉、赤身肉などでの照射を認めています。

　EUでは、1999年EU指令に基づき、消費者に利益があること、表示すること等の要件を満たす場合に食品照射が認められることとなっており、乾燥ハーブ・スパイス・野菜調味料のカテゴリーに、10kGyを上限として認められているようです。なお、EUの品目リストが完成するまでは、EU各国が、自国内の使用禁止、使用許可の措置を継続できるとしています。

第6章

農業食品の技術開発と
知的財産権

第1節　あらまし

　第6章では、法制度はそれほど多くはないものの、今後の食料農業だけでなく、周辺産業にも大きなインパクトを与え、また、新ビジネス育成にもつながる可能性のある農業食品の技術開発とその成果の知的財産権について取り上げます。法規制の枠組み等国際的な議論が進められている分野もあります。

　21世紀は生命科学の時代といわれており、農業食品分野の研究技術開発も、生命科学の重要分野の一つとなっています。もちろん、労働力不足や生産性向上といった農業の課題への対応のための情報処理関連最新技術等の研究開発も重要であり、そのことも認識しつつ、ここでは、遺伝子組換え、ゲノム編集を中心に論じることにしました。遺伝子組換えの表示も、この章で扱います。

　農業は、自然と共存しつつ、自然に働きかける産業であることから、地球規模での環境を抜きには語ることができません。環境と農業についても、技術との関係をふまえ、この章で扱うことにしました。

　技術力が成長を支える構造は、農業食品分野でも変わりはありません。現状の分析をふまえて、さまざまな課題について、国民全体で議論していくことが重要と考えられます。

■ 1　技術開発に関する政府の枠組みと農林水産業

⑴　政府の枠組み

　国全体の科学技術政策は、1995年に制定された**科学技術基本法**に

基づき、科学技術振興のための方針が定められ、総合科学技術・イノベーション会議の議を経て、科学技術基本計画が作成されます。かつては、総合科学技術会議でしたが、2014年に名称変更されました。

　基本計画は5年ごとに作成され、2016年1月、2016年度から2020年度までの第5期計画が閣議決定されました。第5期計画では、目指すべき国の姿を掲げたうえで、①未来の産業創造と社会変革、②経済・社会的な課題への対応、③基盤的な力の強化、④人材、知、資金の好循環システムの構築を柱としています。

　基本計画が作成される際に諮られる「総合科学技術・イノベーション会議」とは、**内閣府設置法**の第3章組織、第3節本府、第2款重要政策に関する会議として、経済財政諮問会議の次に掲げられています。

　同会議において、各省の技術政策、予算の総合調整が行われることとなっており、2017年度政府予算についていえば、科学技術関係予算総額は3兆4868億円、一般会計予算のうち科学研究費補助金等の科学技術振興費（科学技術に関する中核的な予算）は1兆3045億円です。一般会計予算総額は対前年で減少しましたが、科学技術振興費はわずかながら増加しました。省庁別内訳は、文部科学省64.6パーセント、経済産業省15.6パーセント、防衛省3.5パーセント、厚生労働省3.1パーセント、農林水産省3.0パーセント等です。

(2)　農林水産分野の枠組み

　農林水産分野の技術開発も政府全体の科学技術政策の傘下に入っていますが、農政の枠組みとの関係では、**食料・農業・農村基本法**第29条に技術の開発と普及が位置づけられています。食料・農業・

農村基本計画をふまえ、2005年に、農林水産研究基本計画が策定されましたが、食料・農業・農村基本計画の改定時期にあわせて、5年ごとに改定されています。最新のものは、2015年に策定されました。

施策の基本方針を示すとともに、農林水産研究の重点目標として、農業・農村の所得増大等に向けて、生産現場等が直面する課題を速やかに解決するための研究開発を具体的に列挙し、また、中長期的な戦略のもとで着実に推進すべき研究開発として、①安全で信頼される食料を安定供給し、国民の健康長寿に貢献する、②農林水産業の生産流通システムを革新し、大幅なコスト削減を実現する、③農山漁村に新たな産業や雇用を生み出す、④農林水産物の単収・品質向上を促進し、「強み」をさらに引き伸ばす、⑤農林水産業の持続化・安定化を図る研究、地球規模の食料・環境問題に対処し、国際貢献を行う研究を掲げました。

2010年に策定された一つ前の計画において、レギュラトリーサイエンスへの対応強化を明示したことが注目されましたが、今回も、その充実強化に言及しています。レギュラトリーサイエンスとは、科学的な知見と規制措置との橋渡しに使われる科学や研究のことであり、食品、農畜水産物の安全性向上のために不可欠な分野です。わが国においては、十分な体制整備と対応が行われていないとの指摘がなされていました。

農林水産分野の技術行政の特徴として、1956年に、**農林水産省設置法**に基づく特別の機関として、農林水産技術会議を設け、試験研究の基本的な計画の企画立案、試験研究実施機関の総合調整等を行ってきました（第12条以下）。会長と委員6名は、有識者の中から

農林水産大臣が任命します。総合科学技術・イノベーション会議は、農林水産技術会議を手本として設立されたといわれています。2010年度の農林水産省の組織改正で、事故米問題での対応等の反省から、農林水産行政監察・評価本部を特別の機関として設置することとなり、農林水産技術会議の廃止を決定しましたが、その後の政権交代で白紙に戻り、存続することとなりました。

■ 2 地球環境変化と農林水産分野の技術開発

　農林水産業は、それ自体、地球環境に負荷を与えるものである半面、適切に営まれる限りは、自然からの一方的な収奪ではなく、持続的な資源管理による循環を伴う経済活動であることが特徴となっています。農林水産業にとって、地球環境は絶対の存在です。

　農林水産分野における環境に関する取組みとしては、現在、地球温暖化への対応と生物多様性の保全がメインテーマとなっています。科学的な現状分析、研究開発、技術対応が不可欠な分野です。

⑴ 地球温暖化への対応

　地球温暖化問題については、国際的な枠組みをふまえながら、国内対応が進められてきました。気候変動の影響への適応計画は2015年に閣議決定され、さらに、翌年には、地球温暖化対策計画が閣議決定されました。

　政府の方針に従い、気温上昇等が農林水産分野に与える影響に対応するための適応計画では、すでに影響が生じている高温障害等に対応した新しい品種の開発、将来影響について知見の少ない分野における研究に取り組むこと等さまざまな内容が農林水産省気候変動適応計画に盛り込まれるとともに、具体的な研究開発が進められて

います。

　地球温暖化対策としては、施設園芸における省エネ設備の導入等による温室効果ガスの排出削減や森林吸収源確保に向けた取組みを進めるとともに、研究技術開発では、さらなる省エネ技術等の開発、農業環境分野の研究基盤を強化するためのデータベースの整備等を行っています。

⑵　生物多様性

　生物多様性とは何かの説明は簡単ではないですが、遺伝子、種、生態系の３層の多様性からなり、多様な生物が医薬品、食料等の生産にかかわるだけでなく、人類そのものが、地球生態系で他の生物と共存している存在といえます。

　生物多様性に関係する国際的な枠組みがつくられてきており、その枠組みを国内に取り入れ、必要な対応をしてきていますが、研究開発との関係では、バイオテクノロジーにより改変された生物が生物多様性等に及ぼす可能性のある悪影響を防止することを目的とした**カルタヘナ議定書**への対応が重要です。遺伝子組換え生物に関する規制です。

⑶　SDGs

　地球温暖化、生物多様性や技術の領域にとどまりませんが、最近、国や企業の経営戦略や投資戦略でよく言及されるものに、SDGs（持続可能な開発目標）があります。2015年の国連サミットにおいて全会一致で採択されたものです。先進国を含む国際社会全体の開発目標として、2030年を期限とする包括的な17の目標と細分化された169のターゲットが設けられました。

　ESG投資（環境・社会・企業統治に基づく投資）も、SDGsやパリ

協定等と関係しているものと考えられます。

　SDGsは、2000年に採択されたMDGs（ミレニアム開発目標）の後継版です。食料農業環境分野では、MDGsでは、8つの目標のうち、①貧困・飢餓、⑦環境等が関係しましたが、SDGsでは、②飢餓、⑬気候変動、⑭海洋資源、⑮陸上資源が直接に関係するほか、①貧困、③保健、⑥水・衛生をはじめとして多くの項目とも関係してきます。

　日本として、温暖化対策、生物多様性の保全はもちろんのこと、循環型社会（3R、reduce・reuse・recycle）やクリーンエネルギー等を意識しながらイノベーションを進め、成長と雇用を確保することが重要であり、各省庁の連携、企業・NGO等との連携が今まで以上に重要となっています。

■ 3　遺伝子組換え技術、ゲノム編集技術と法的枠組み

(1)　遺伝子組換え

　遺伝子組換えとは遺伝子の一部を切り取って、その構成要素の並び方を変えてもとの生物の遺伝子に戻したり、別の種類の生物の遺伝子に組み入れたりする技術です。従来の交配による品種改良でも自然に遺伝子の組換えは起きており、人工的に起こした遺伝子の突然変異を利用することもあります。遺伝子組換え技術が従来の品種改良と異なる点は、人工的に遺伝子を組み換えるため、種の壁を越えて他の生物に遺伝子を導入することができ、農作物等の改良の範囲を大幅に拡大できたり、改良の期間が短縮できたりすることです。遺伝子組換え作物の代表例としては、除草剤耐性大豆や害虫抵抗性とうもろこしがあります。

[関係法律]

　遺伝子組換え作物に関して、日本では、食品としての安全性は**食品衛生法**で、飼料としての安全性は**飼料安全法**で、生物多様性への影響は**カルタヘナ法**でそれぞれ規制されており、科学的な評価を行い、問題のないもののみが栽培され、流通する仕組みをとっています。食品利用のためには食品安全委員会によるリスク評価と厚生労働大臣による確認が必要であり、飼料利用には飼料を通じた食品の安全性について食品安全委員会によるリスク評価と農林水産大臣の確認が必要です。

　カルタヘナ法は、**カルタヘナ議定書**の実施のために2003年に制定されました。このなかで、遺伝子組換え生物の使用について、一般圃場での栽培や食品原料としての流通等「環境中への拡散を防止しないで行う使用（第１種使用等）」と実験室内での研究等「環境中への拡散を防止する意図をもって行う使用（第２種使用等）」とに区分し、規制しています。前者では、遺伝子組換え生物の種類ごと（農産物の場合は品種ごと）に使用規程を定め、生物多様性影響評価書を添付して農林水産省、環境省に申請し承認を得る必要があります。後者では、とるべき拡散防止措置が省令で定められている場合には当該措置を、省令で定められていない場合は文部科学省に申請し確認を受けた措置を、それぞれとらなければなりません。

　安全性審査の手続を経た遺伝子組換え食品及び添加物は厚生労働省が公表しており、2017年５月現在で、とうもろこし203品種、じゃがいも８品種、大豆25品種など食品311品種、添加物25品目となっています。モンサント社、シンジェンタ社等の開発、申請になるものが多いです。カルタヘナ法に基づき承認された遺伝子組換え

農作物は、農林水産省の2017年5月現在の公表数では、イネの隔離圃場試験21、とうもろこしの一般的使用78等総数215となっています。

　日本が多くを輸入しているアメリカのとうもろこし、大豆について、米国農務省の資料によると、作付面積に占める遺伝子組換え品種の割合は、ともに9割を超えていますが、2010年以降、頭打ち傾向にあります。

[遺伝子組換えの表示]

　遺伝子組換え食品の表示は、かつては、**JAS法**と**食品衛生法**により、規定されていましたが、現在は、**食品表示法**の食品表示基準に引き継がれました（基準第3条第2項、第18条第2項）。

　表示義務の対象となるのは、大豆、とうもろこし、ばれいしょ、なたね、綿実、アルファルファ、てん菜及びパパイヤの8種類の農産物とこれらを原材料とする33加工食品群です。

[外国における表示]

　遺伝子組換え表示について、アメリカでは、遺伝子組換えにより食品の組成等が変化する場合を除き表示義務を課していませんでしたが、州法による規制議論が進み、バーモント州でGMO義務表示法が成立したことから、2016年7月、連邦上下院で成立した遺伝子組換え食品の情報開示を求める法案に大統領が署名しました。農務長官が2年以内に情報開示基準を創設することとなり、製造業者が、遺伝子組換え食品かどうかの情報提供について、文字、記号、インターネットサイトへのリンクを選択する仕組みが具体化される予定です。

　EUでは、1997年の規則以来GM食品の義務的表示を規定してお

図表15　遺伝子組換え食品の表示

I　従来のものと組成、栄養価等が同等のもの（除草剤の影響を受けないようにした大豆、害虫に強いとうもろこしなど）

① 農産物及びこれを原料とする加工食品であって、加工後も組み換えられたDNA又はこれによって生じたたんぱく質が検出可能とされているもの

ア　分別生産流通管理が行われた遺伝子組換え農産物を原材料とする場合	➡ 「大豆（遺伝子組換え）」等	義務表示
イ　遺伝子組換え農産物と非遺伝子組換え農産物が分別されていない農産物を原材料とする場合	➡ 「大豆（遺伝子組換え不分別）」等	
ウ　分別生産流通管理が行われた非遺伝子組換え農産物を原材料とする場合	➡ 「大豆（遺伝子組換えでない）」等	任意表示

② 組み換えられたDNA及びこれによって生じたたんぱく質が、加工後に最新の検出技術によっても検出できない加工食品（大豆油、しょうゆ、コーン油、異性化液糖等）

分別生産流通管理が行われた非遺伝子組換え農産物を原材料とする場合	➡ 「大豆（遺伝子組換えでない）」等	任意表示

II　従来のものと組成、栄養価等が著しく異なるもの

特定分別生産流通管理された高オレイン酸大豆、高リシンとうもろこし、ステアリドン酸産生大豆及びこれを原材料とする加工食品	➡ 「大豆（高オレイン酸遺伝子組換え）」等	義務表示

（資料）　消費者庁HPをもとに作成

り、GMOを含む産品とGMOを用いて製造された食品飼料は、DNA、たんぱく質が残存しないものも含めてGMO表示が必要であり、GM食品等には５年間の記録保持義務を含むトレーサビリティ義務を課しています。0.5パーセント以下の食品飼料への意図せざる混入は一定条件下でEU規制違反とはされず、0.9パーセント以下の意図せざる混入の場合にはGMO表示は不要としています。ごく簡単な日本の規定とは異なり、GMO規制はトレーサビリティ、表示を含めて、詳細かつ明確に規定されています。

アメリカとEUの立場は、正反対であるものの、考え方は明確です。日本の消費者もEUの消費者と同じく、遺伝子組換えに対して敏感であることでは変わりはありませんが、GMO生産に積極的なアメリカ、カナダ、ブラジル等からGM農産物を含む農産物を大量に輸入せざるをえない日本としては、EUと同じような立場をとることができないというのが現状です。

[研究開発の現状]

　遺伝子組換え農産物の商業栽培を日本国内で行うのかどうかという問題と遺伝子組換え作物の研究開発は別個の問題ともいえます。

　イネゲノムについては、わが国主導のもと、2004年に全塩基配列の解読を終え、その成果はあらゆる作物研究の基盤的情報になっており、農林水産省で2008年に取りまとめた「遺伝子組換え農作物等の研究開発の進め方に関する検討会」報告書に基づき、工程表に従った研究開発が進められています。

　世界的には、除草剤耐性大豆、害虫抵抗性・除草剤耐性とうもろこし等の栽培面積が年々増大していますが、日本では、①複合病害抵抗・多収性の飼料用・バイオエネルギー用作物、②国際協力を視野に入れて、乾燥・塩害等不良環境耐性農作物などを優先しつつ、遺伝子組換え農産物の研究開発が行われています。まずは遺伝子の単離・機能解明を行い、実験室での効果の検証を経て、圃場での効果の検証、実用品種の開発・改良、さらに、商業化準備のための地域適応性試験、種苗登録等が必要となります。

(2)　ゲノム編集

　ゲノム編集とは、特殊な酵素を鋏のように使って、遺伝子の特定の塩基配列の一部を効率よく削ったり、挿入したりするものです。

ミオスタチンという筋肉増強を抑制する因子があり、人間でも、高齢者の筋肉量低下にかかわっているとして研究が進められていますが、その関連遺伝子を働かなくすることで、筋肉増強した魚を作出すれば、可食部分が増えることになります。日持ちの長さに関係する遺伝子を壊すことにより、腐りにくいトマトをつくるなど、農産物でも、さまざまなことが行われています。

2015年4月、中国の研究チームがヒト受精卵の遺伝子をゲノム編集したと発表し、世界に衝撃を与えました。ヒトの遺伝子を操作することについては、遺伝子治療が始められた1980年代から、ほかに治療法のない病気を治す場合に限って認められていますが、受精卵を含む生殖細胞は、影響が次世代に引き継がれる懸念があり、対象外とするのが、日本を含む主要国の考え方でした。

遺伝子組換え生物の規制については、すでに言及した**カルタヘナ議定書**という国際的な枠組みがありますが、主として、他の生物の遺伝子を外部から導入する技術を対象としているため、ゲノム編集をどう取り扱うのかは、いまのところはっきりしていません。ゲノム編集では、遺伝子操作の痕跡がほとんど残らず、後から調べることがむずかしい点も厄介だといわれています。今後、引き続き、OECD等において、議論が進められていきます。

ヒト受精卵のゲノム編集についても、中国での動きを契機として、世界的な議論が起こっており、日本においても、基礎的な研究なら容認される場合があるとの方針であると報道されています。

■■■ 4 知的財産に関する政府の枠組みと育成者権

(1) 政府の枠組み

知的財産権については、2002年に**知的財産基本法**が制定されました。わが国産業の国際競争力強化の必要性に鑑みて、新たな知的財産の創造及びその効果的な活用による付加価値の創出を基軸とする活力ある経済社会を実現するため、基本理念等を定めるとともに、知的財産戦略本部を設置することを目的としています。この法律では、知的財産権について、特許権、実用新案権、育成者権、意匠権、著作権、商標権その他の知的財産に関して法令により定められた権利又は法律上保護される利益に係る権利と定義しています（第2条）。特許権、実用新案権、意匠権、商標権は特許庁が、著作権は文化庁が管理しており、育成者権を農林水産省が管理しています。

内閣に知的財産戦略本部を設け（第24条）、知的財産推進計画を定めることとしています（第23条）。毎年改訂される推進計画のなかで、取り組むべき課題等を整理しています。知財システムは産業競争力強化の基盤の一つとの認識のもと、最近は、データやAIなどの新たな情報財に関する知財制度のあり方を議論しており、農林水産業・食品産業も重要なターゲット領域となっています。

(2) 育成者権

農業分野で中核となる知的財産権は育成者権であり、それを規定しているのは**種苗法**です。

1947年に制定された**農産種苗法**は不良種苗の取締りを主たる目的とするものでしたが、1978年改正**UPOV条約**に加盟するために、

図表16　農林水産業で利用できる知的財産権

項　目	担当府省	内　容	活　用　例
地理的表示（GI）保護制度（特定農林水産物等の名称の保護に関する法律）	農林水産省	品質・社会的評価その他の確立した特性が産地と結びついている産品について、その名称を知的財産として保護するもの	○神戸ビーフ ○下関ふく
品種登録による育成者権（種苗法）	農林水産省	農林水産物の生産のため栽培される植物の新品種を独占利用できる権利	○おぼろづき ○シナノゴールド
商標権（商標法）	特許庁	商品・サービスに使用する名前やマークを独占使用できる権利	○あまおう
地域団体商標（商標法）	特許庁	地名＋商品名から成る商標を独占使用できる権利	○関あじ ○関さば
特許権（特許法）	特許庁	発明者が発明権利を独占利用できる権利	○多面体形状のメロンの栽培方法及び四角いメロン栽培用型枠（カクメロ）
実用新案権（実用新案法）	特許庁	物品の形状、構造又は組合せに係る考案の利用を独占利用できる権利	○改良農機具
意匠権（意匠法）	特許庁	独占的で美的な外観を有する物品の形状・模様・色彩のデザインを独占使用できる権利	○使いやすい剪定鋏
営業秘密（不正競争防止法）	経済産業省	生産方法や栽培方法その他の事業活動に有用な技術上又は営業上の情報であって、公然に知られていないもの	○F1品種（交雑品種）の親株情報 例：夕張メロン

（資料）　知的財産戦略事務局HPをもとに作成

1978年に**種苗法**に改められ、植物新品種保護制度としての「品種登録制度」を規定しました。その後、1991年改正**UPOV条約**に対応するために、**種苗法**の全面改正（1998年）が行われ、数回の小規模な改正を経て、現在にいたります。1998年の改正法で、登録品種の育成者の権利が「育成者権」として法律上明文で規定されました。

　品種登録の対象となるのは栽培される全ての植物であり（第2条、第3条）、新品種として登録されるためには、既存品種と特性で明確に区分され（区分性）、同一世代で形質が十分類似し（均一性）、増殖後も特性が変化しないこと（安定性）、日本国内で登録出願日から1年さかのぼった日前に出願品種を譲渡していないこと等の要件を満たす必要があります（第4条）。出願があると、農林水産大臣は出願公表し（第13条）、審査を経て、品種登録します（第18条）。育成者権は品種登録により発生し、存続期間は25年です（第19条）。育成者権者は登録品種を業として利用する権利を占有しますが、他者に専用利用権を設定することもできます（第20条）。「利用」とは、品種の種苗を生産、譲渡、輸出入すること等です（第2条第5項）。実際には、新品種を開発した種苗会社が独占的に種苗を生産して、農家に販売したり、育種家が開発した新品種について種苗会社に専用利用権を設定し、種苗会社は育種家に利用料を払い、生産販売を行ったりしています。育成者権等に対する侵害があった場合について、差止請求（第33条）、損害の額の推定（第34条）、信用回復の措置（第44条）等の規定を設けています。

　このように、現在においては、育成者権は知的財産権の一つとして、法的に整備されたものとなっていますが、農業に関係した特別な配慮もなされています。育成者権の例外としての農業者の自家増

殖等です。農業者の自家増殖とは、農業者が正規に購入した登録品種の種苗を用いて収穫物を得、その収穫物を自己の農業経営においてさらに種苗として用いることです。ただし、契約で別段の定め（認めない等）をした場合等原則どおりとなります。なお、1991年改正UPOV条約では、例外的に一定の条件、制約のもとに自家増殖を認めており、国内法の条約整合性が議論されています。

[国際条約]

　UPOV条約は、政府間組織として設立された植物新品種保護国際同盟により管理されています。UPOVはこの同盟の頭文字（アクロニム）です。事務局はジュネーブにあります。20世紀の早い段階から、イギリス、フランス、ドイツ各国では、植物の品種保護に関する制度が整備されてきました。その後、特許による保護の試みが軌道に乗らなかったことから、特許とは別の制度を設けるべきとの考え方がヨーロッパで主流になり、1961年にUPOV条約が締結されました。アメリカでは、1930年以来、一部植物は特許法での保護を受けることとなっていました。日本が最初に加盟したのは、1978年改正UPOV条約ですが、現在最新の条約である1991年条約に加盟しています。

　1978年条約と1991年条約は併存しており、加盟74カ国（2017年のUPOV事務局ホームページ公表ベース）中55カ国が1991年条約加盟国です。1991年条約では、全植物が保護対象であり、育成者権が種苗、収穫物に及び、登録から20年以上育成者権が存続しますが、1978年条約は、保護対象が限られ、育成者権は種苗のみ、15年以上となっています。欧米先進国の主だった国は1991年条約に加盟していますが、日本にとって、品種管理上、最も重要な関係国である中

国は1978年条約加盟国です。アジアでは、韓国、シンガポール、ベトナムが1991年条約に加盟しているほかは、未加盟な国が多く、日本が主導して、品種保護制度の整備に協力しているところです。

5 種子をめぐる問題

　知的財産権や遺伝子組換え技術との関係で考えなければならないものに種子があります。種子は、農地、水と並んで、農業の最も重要な生産資材です。現在、モンサント（アメリカ）、デュポン（アメリカ）、シンジェンタ（スイス）など一部の巨大多国籍企業が世界の種子を支配しているといわれています。これらの企業は、種子だけでなく、農薬、医薬品、化学品でも力をもっており、企業の再編合併も進んでいます。ドイツのバイエルがモンサントを買収し、中国化工集団がシンジェンタを買収し、デュポンとダウ・ケミカルが経営統合するなどの報道がなされています。

　種子は、長い歴史のなかで、農民が自家採取し、農民間で交換しながら、優良品種を選抜育種し、突然変異も利用しつつ、改良が重ねられてきました。その後、外来品種の導入、農業技術の活用により、品種改良して普及するために、日本を含めた先進各国では、公的な育種体制が確立しましたが、20世紀中葉以降、農産物の大量生産、大量流通、大量消費という農業の工業化のなかで、ハイブリッド技術の開発と知的財産権の強化が進み、民間育種が台頭することとなりました。

　ハイブリッド技術とは異なった種を人工的に組み合わせて新種をつくる技術であり、異なる系統の優性を引き出す雑種強勢という性質を利用します。その効果は一代雑種（Ｆ１）に限られるため、農

家は毎年種子を更新する必要があり、民間の種子事業が成立することとなりました。さらに、新品種を保護する育成者権、特許権の整備に加え、遺伝子組換えを含むバイオテクノロジー技術の進展に伴い、資金力を有する巨大多国籍企業が種子ビジネスを支配するにいたるのです。

[主要農作物種子法廃止]

日本では、1952年制定の**主要農作物種子法**により、主要農作物と位置づけられた稲、麦類、大豆については、その原種の生産を都道府県に義務づけるとともに（第7条）、種子の審査について定め、国内の農家が使用する種子は国内で調達するシステムを整えていました。

総合的なTPP関連政策、規制改革推進の議論をふまえた農業競争力強化プログラムにおいて、戦略物資である種子種苗について、国は、国家戦略・知財戦略として、民間活力を最大限に活用した開発・供給体制を構築することとされました。これを受けて、2017年、現行の地方公共団体中心のシステムが、民間の品種開発意欲を阻害している懸念もあることから、法律は廃止されました。法律の廃止をめぐり、さまざまな議論が続いていますが、どのような立場をとるにしろ、戦略的な種子産業育成が急務であることに変わりはありません。

■ 6 遺伝子と遺伝資源をめぐる議論

植物のゲノム情報（細胞がもつDNAとそれに書き込まれた全ての遺伝情報）は種子のかたちで保存され、次の生産が行われることになるので、種子について考えた流れで、次に、遺伝子、遺伝資源のこ

とを考えます。

　遺伝子は親から子に受け継がれていく遺伝の基本単位で、DNA（デオキシリボ核酸）という物質でできています。DNAは2本の鎖のようなかたちをしていて、その間に4種類の塩基、A（アデニン）、T（チミン）、C（シトシン）、G（グアニン）がはしご状に並んでいると説明されています。

　遺伝資源という用語は、生物の有する遺伝子が農業用の生物としての改良等に実用的価値をもつことから、資源として認識されたものだからかもしれません。植物だけでなく動物も含まれます。

(1)　遺伝子と生物多様性

　現在、懸念されていることの一つは品種の寡占化です。日本国内についていえば、市場評価の高い食味のよい品種等への集中が進んでいます。日常的に食べる米について、特定品種への集中を実感するだけでなく、小麦、野菜をはじめとして、多くの作物でこうした傾向にあるといえます。特定の品種に偏るということは、特定の病気に対する耐性、特定の気候変動に対する耐性等について、同じ遺伝子をもつ品種の割合が高まることです。多様性を喪失することにより、さまざまな事象に対する対応能力が低下し、農業を脆弱なものにします。生産性向上、消費者ニーズへの対応は重要な視点ですが、他面において、地域の気候風土にあった品種の保全も重要です。地域の特色を生かした農産物の育成の観点からも再考すべきでしょう。

　外国に目を転じれば、アメリカでは、大豆、とうもろこし等におけるGMOの作付率が高まっており、特定品種の寡占化が進んでいるものと考えられます。遺伝子組換えそのものの議論とともに、生

物の多様性保持の観点からの考察も必要となっています。

(2)　遺伝資源をめぐる国際的な議論と国内法制化

　より本質的な問題は、途上国に多く存在する、より原種に近い遺伝資源の保全とその利用メカニズムの構築です。途上国で採取された遺伝資源を使って、特定の遺伝子の機能が解明されれば、特許の対象になり、また、伝統的な手法や遺伝子組換え手法で新しい品種がつくりだされれば、新品種保護の対象となります。研究開発に多額のコストを要するとしても、商品化されれば、莫大な利益を生むこともあります。資金力にものをいわせて、こうした技術開発を行えるのは、通常、先進国の多国籍企業等です。遺伝資源が人類共通の財産とはいえ、途上国としては、遺伝資源を囲い込むか、利益分配を求めることになるのは当然の成り行きです。

　このような事態を受けて、国際的な議論が進められてきました。FAOに事務局がある**食料農業遺伝資源条約**、モントリオールに事務局のある**生物多様性条約**がその主たる舞台です。さらに、WTOやWIPOの活動にも注意しなければなりません。もちろん、条約にあわせた国内法整備も行われていますが、国民の日常生活にまで影響することはあまりないといえます。

(3)　将来に向けた課題

　稲といったある作物の一つの品種が、全世界のさまざまな地域の相当数の遺伝資源から生み出されているといわれます。かつて調べたFAOの資料では、日本の主要カロリー源の穀物の遺伝資源について、アジア太平洋地域以外への依存率は43から61パーセントと試算されていました。アジア太平洋地域でも、日本の国土面積が小さいことを考えると、自国で調達できた割合は非常に小さく、日本以

外の国の遺伝子に多くを依存しているに違いありません。

　アメリカにアイルランド系移民が多いのは、19世紀にアイルランドの主食であったある種のいもが壊滅し、飢饉に見舞われ、新大陸に移住せざるをえなかったからだといわれています。物資と人の移動が頻繁になった現在では、このような事態は想定できません。しかしながら、農作物の栽培品種について、日本だけでなく、国際的にも、特定品種への依存が高まっている現実をふまえると、突然の気象変動、病虫害、ウィルス等に対する抵抗性が弱まっていることは否定できません。世界レベルでの遺伝資源の多様性の確保、遺伝子の保存等を進めるとともに、日本としても、品種改良に備えた遺伝資源の獲得・保存が非常に重要です。食料確保の観点だけでなく、さまざまな遺伝資源が医薬品をはじめとする21世紀のバイオインダストリーを支える現実も忘れてはいけません。

　国際的なルールづくりと多国間システム構築の議論が進まないなかで、現実には、植物、動物の遺伝資源、遺伝子の宝庫といわれる熱帯、亜熱帯の自然地域を多く有するアフリカ、南アメリカ、アジア地域において、欧米の遺伝資源ハンターが途上各国政府等との相対取引を進めているとのうわさは相当以前から取りざたされています。日本としても、エネルギー資源やレアメタル資源だけでなく、遺伝資源獲得についても、国策としての戦略的な取組みをする必要があります。また、植物、動物を含む生命体の遺伝子バンクのあり方、データ管理のあり方についても、国家的な議論が重要です。

第 2 節

Q1 研究開発のヒト、カネはどうなっていますか

ポイント　国の試験研究機関に由来する国立研究開発法人や大学等が連携して、研究開発が行われる仕組みとなっています。

解 説

　1千億円弱の農林水産省の科学技術振興費は、大まかにいえば、かなりの部分が国立研究開発法人（独立行政法人）に対する運営費交付金であり、残りが、競争的研究資金と農林水産省が課題を立てたプロジェクト研究委託費等です。

　明治時代にまでさかのぼる農林水産分野の国の試験研究機関は、2001年に独立行政法人化、2006年に非公務員化し、現在、農業関係2法人（農研機構、JIRCAS）、森林研究・整備機構、水産研究・教育機構に集約されています。

　鉱工業分野と違って、民間に技術開発を任せることができないことから、農林水産分野では、先進各国でも、歴史的に、大学と国の試験研究機関が技術開発を担ってきています。技術開発は、研究者の活動により行われるものであり、国立研究開発法人に対する運営費交付金は、研究者の人件費、管理費、事業費に充てられていま

す。

　なお、大学は、最近はさまざまな制約が増えているともいわれますが、基本的には、学問の自由、大学の自治に基づき、自由な発想のもとで研究が行われている一方、独立行政法人は政策目的に沿った研究が行われることとなっています。

　競争的研究資金とは、研究開発課題等を募り、提案された課題の中から、専門家による評価に基づいて実施すべき課題を採択し、研究者等に配分するボトムアップ型の研究開発資金のことです。農林水産省関係の独立行政法人だけでなく、大学、民間企業等にも門戸が開かれています。また、プロジェクト研究委託費は、農林水産省が立てた課題に沿って、広く公募のうえ、研究を委託するトップダウン式のものです。

農林水産技術開発の課題は何ですか

財政が投入される農林水産分野の研究開発については、戦略的な投資が重要です。

解 説

農業分野については、独立行政法人だけでなく、学問の自由のある大学の研究者の研究分野も、大きく変わることはあまりないといわれています。継続的な研究の蓄積はもちろん重要ですが、財政制約の厳しさが増すなかで、世界のトレンド、研究の強み弱み、ニーズをふまえた研究者の資源再配分が、避けて通れない課題となっています。

また、農業者にとっては、収入増に結びつく農産物の品質向上等が最大関心事ですが、消費者にとっては、食料支出を抑えられる農業のコスト低減や農産物の安全性確保も重要です。いままでの研究開発では、農産物の品質向上に多くの力が注がれてきました。

世界に勝てる農林水産業、食品産業、種子産業を目指す最先端・共通・基盤的な技術開発、企業等も活用できる基礎的データ・研究成果データ等の整備は、国家主導で行うべきでしょう。また、応用研究では、いたずらに最先端技術を使ってコストアップを招くのではなく、真に農業のコスト低減につながる技術開発、化学肥料農薬に頼らず、科学的分析を重視した農業体系に向けた研究、農産物や

食品の安全性を科学的に担保するレギュラトリーサイエンスのための研究等にも、引き続き、目配りすることが重要と考えられます。

IoT、ビッグデータ、AI等ICTの農業での活用はどうなっていますか

ポイント AI（人工知能）やIoT（モノのインターネット）等の農業分野への活用、農業関連データの標準化に向けた取組み等が進められています。

解　説

　人手不足への対応、農業の成長産業化のために、ICTの農業への活用が重要と考えられており、AIやIoT等により、生産現場のみならず、サプライチェーン全体で、省力化、効率化のための具体的な技術開発と現場への実装が進められています。

　最も手間のかかる収穫作業について、人間が行ってきた、農産物の熟度をみて（センサー）、収穫の可否を判断して（AI）、手で摘み取る作業をロボットで代替できるようにする技術開発などが一例です。

　すでに開発されている技術の農業分野への応用にあたっては、異なるシステム間での活用を可能にするために、農作業や農業関連情報のデータの標準化が基盤となることから、府省連携が進められています。また、データ情報全般にわたる制度的な議論は、農業分野でも注意する必要があります。

　技術開発の基盤づくりは、政府のやるべき仕事ですが、財政制約があるなかで、技術開発・実装等について、リスクを伴う分野等ど

こまでを政府が行い、どこからは企業に任せるのか等の仕分けも重要になっています。

　農林水産業が営まれている農地、林地、沿岸海域について、その物理的、化学的、生物学的データを収集することも重要と個人的には考えています。農林水産業のみならず、さまざまな新たな産業に結びつく可能性もあることから、多国籍企業や他国に先を越されることがないように、日本の国土領海については、日本政府として、最新ICT技術を駆使して、データ収集整備解析することが望まれます。

Q 4 温暖化の国際的議論のなかで農林水産業はどういう位置づけですか

ポイント　国際約束に従った温室効果ガスの削減について、農林水産業は吸収と削減で寄与することとなっています。

解　説

　国連気候変動枠組条約のCOP19決定に基づき、2015年に、日本は、2020年以降の温室効果ガス排出削減目標を2030年に2013年度比で26パーセント削減する約束草案を提出しました。

　2016年に発効したパリ協定（COP21）では、2020年以降の枠組みについて、世界共通の長期目標として上昇2度目標を設定するとともに、1.5度に抑える努力追求にも言及しました。全ての国が削減目標を5年ごとに提出更新することも決まりました。

　2013年の日本の温室効果ガス排出量のうち農林水産分野での排出は3.1パーセントで、そのうち2パーセントは、稲作、家畜から排出されるメタンです。

　2030年に26パーセント削減とされていますが、排出削減対策23.4パーセントのうち農林水産分野で0.2パーセント削減、加えて、森林吸収2パーセント、農地土壌吸収0.6パーセントがあり、農林水産分野合計で2.8パーセント寄与することとなっています。

Q.5 生物多様性に関する国際的議論はどうなっていますか

生物多様性条約がこの分野の基本となる条約ですが、関連する条約や議定書が複数存在しています。

解　説

　近年の種の絶滅、生態系の破壊に対処するため、**絶滅のおそれのある野生動植物の種の国際取引に関する条約**（ワシントン条約）、**水鳥の生息地として国際的に重要な湿地に関する条約**（ラムサール条約）を補完し、生物の多様性を包括的に保全し、生物資源の持続可能な利用を行うための国際的な枠組みとして、**生物多様性条約**が1993年発効しました。

　生物多様性条約では、生物多様性の保全、生物多様性構成要素の持続的な利用、遺伝資源の利用から生じる利益の公正かつ衡平な配分等を目的としています。

　さらに、バイオテクノロジーにより改変された生物が生物多様性等に及ぼす可能性のある悪影響を防止することを目的とした**カルタヘナ議定書**が2003年に発効しています。

　また、遺伝資源提供国の法令に従い、事前の同意が取得され、相互に合意する条件が設定されるよう国内措置をとること等が定められた**名古屋議定書**が、2014年に発効しました。

　国境を越えて移動する遺伝子組換え生物により損害が生じる場合

に管理者に対応措置を取ることを要求する**名古屋クアラルンプール議定書**も採択されています。

遺伝子組換え食品表示について注意すべきことがありますか

ポイント 義務表示と任意表示に分けて、詳細に定められていますが、意図せざる混入等には注意する必要があります。

解　説

　義務表示と任意表示に分かれていますが、次のような点に注意する必要があります。

① 「分別生産流通管理」とは、遺伝子組換え農産物と非遺伝子組換え農産物を農場から食品製造業者まで生産、流通及び加工の各段階で相互に混入が起こらないよう管理し、そのことが書類等により証明されていることをいいます。

② 分別生産流通管理が適切に行われた場合でも、遺伝子組換え農産物の一定の混入は避けられないことから、分別生産流通管理が適切に行われていれば、一定の「意図せざる混入」がある場合でも、「遺伝子組換えでない」旨の表示をすることができるとされ、大豆及びとうもろこしについて、5パーセント以下の意図せざる混入が認められています。

③ 遺伝子組換え農産物が「主な原材料」(原材料の上位3位以内で、かつ、全重量の5パーセント以上を占める)でない場合には表示義務はありません。

　なお、2017年に、遺伝子組換え表示制度の今後のあり方につい

て、消費者庁において議論が開始され、5パーセント以下の意図せざる混入について、実質ゼロに引き下げる方向での検討が進められていると報じられています。

　いずれにしろ、食品として流通しているものは、安全性が科学的に評価されたものであることが大前提ですが、日本においては、組み換えられたDNA等の検出が不可能な油、しょうゆ、異性化液糖等のほか、加工食品に含まれる5パーセント以下の混入で、知らないうちに遺伝子組換え農産物に由来する食品を食べています。

　遺伝子組換え食品をとりたくない場合は、日本では商業栽培は始まっていないので、国産の農産物を選ぶとともに、大豆、とうもろこしを中心とした加工食品については、国産、輸入ものとも、有機JAS表示のある食品を選択すればよいといえます。なお、EUでは、GMOを含む食品には表示が義務づけられています。

遺伝子組換え農作物の将来性はどうなのですか

研究開発と商業栽培について、今後とも、議論をして
いくことが重要です。

解　説

現　状

　世界的にみると遺伝子組換え農作物の商業栽培面積は増加してき
ており、2016年には1億8510万ha、日本の耕地面積の30倍を超え
ています。

　栽培国は26カ国、アメリカはとうもろこし、大豆、綿、菜種、て
ん菜、パパイヤ、じゃがいも等で7290万haの第1位、第2位はブ
ラジル（大豆、とうもろこし、綿で4910万ha）、第3位はアルゼンチ
ン（大豆、とうもろこし、綿で2380万ha）、第4位がカナダ、第5位
がインドとなっています。アジア大洋州では、ほかに、中国、フィ
リピン、オーストラリアが、ヨーロッパでは、スペイン、ポルトガ
ル、スロバキア、チェコ等が、アフリカでも南アフリカ等が栽培し
ています（ISAAA、国際アグリバイオ事業団）。

　日本国内では、遺伝子組換え技術による青いバラが商業栽培され
ていますが、食用、飼料用作物は研究を除く栽培は行われていませ
ん。

遺伝子組換え農産物の意義等

遺伝子組換え技術の意義として、世界の食料問題の解決、農薬使用の抑制等があげられていますが、遺伝子組換え技術のプラスマイナス、国内での商業栽培の利害得失等については、引き続き、真剣に議論することが重要です。

とりわけ、国内での商業栽培の是非を論じる際には、日本の農業の現実をふまえる必要があります。日本の耕地は切れ切れに小さく、比較的面積が大きいといわれる北海道でさえ、アメリカ等に比べると勝負にならず、遺伝子組換え作物とそれ以外の圃場との区別にはコストがかかります。また、高コスト体質の日本の農業は、品質、安全性で差別化して収益を確保せざるをえない構造となっており、遺伝子組換え作物を導入するメリットよりデメリットが大きすぎるとの考え方もあります。

世界一の遺伝子組換え農産物大国のアメリカですら、遺伝子組換え農産物の作付面積は2010年代半ばに頭打ち傾向がみられ、非組換え作物への割増金の上昇もあり、小規模農家を中心に非組換えへの切替えが行われているとの情報もあります。

今後の方向性

すでに、わが国には、海外で生産された遺伝子組換え農産物が主として飼料用や油糧用の原材料として輸入されており、また、種苗ビジネスを含め、さまざまなビジネスチャンスとの関係もあり、世界レベルでの競争が展開している実態を直視することも重要です。日本国内での研究開発の成果をビジネスに育て、世界に売っていくという選択肢、日本人による海外での農業展開という発想があって

もよいでしょう。日本での商業栽培解禁の是非はともかくとして、最先端の研究開発による将来の成長産業育成という観点から、遺伝子組換え農産物の開発に力を傾注していくのも、一つの戦略といえるかもしれません。

遺伝子組換え魚とは何ですか

ポイント　遺伝子組換え魚が食卓に迫っています。

解　説

　アメリカ・マサチューセッツ州に本社のあるバイオテクノロジー企業、アクアバウンティ・テクノロジーズが遺伝子組換えサケを開発し、1995年頃から、食品としての販売に向け、米国政府への承認手続を開始し、2012年12月、FDAは食べても安全で環境にも影響がないとの評価案を公表しました。このサケは、アトランティックサーモンにキングサーモンの遺伝子を組み込み、成長を早め、養殖期間を半減させたものです。その後、2015年11月に、FDAは食品として認可しました。遺伝子組換え動物が食品として認可されるのは、世界でこれが初めてといわれています。この認可にあたり、アメリカ国内での養殖を認めず、カナダ、パナマでの養殖に限るとしているようです。また、報道によれば、開発を進めている企業自身、流通させるまで、2年はかかると見込んでいるとのことです。

　日本やEUと異なり、アメリカでは、遺伝子組換え食品の表示義務がなかったことから、アメリカ国内でも、このサケをフランケンフィッシュと呼んで、発売反対運動が活発になり、この機会に、表示義務化の議論が再燃し、その後表示法が成立しました。

　アメリカではサケ以外にブチナマズ、キューバでティアピア、中

国で淡水魚のソウギョ等が食用魚として、開発が進められているとの情報もあります。日本では、もともとは農林水産省の研究所であった国立研究開発法人水産研究・教育機構において、高成長の遺伝子組換え魚をつくりだす技術を構築して、つくりだした遺伝子組換え魚の生物特性を解析し、また、遺伝子組換え観賞魚（赤や緑の蛍光を発する遺伝子組換えメダカやゼブラフィッシュ）が海外から輸入申請されることを想定して、在来種との交雑性試験などを行っています。

　魚類は、一度に多数の受精卵を得ることができ、世代時間が短く、胚が透明で観察しやすいなどの利点があり、遺伝子組換え研究がしやすいと認識されています。今後の動向が注目されます。

受精卵クローン、体細胞クローンとは何ですか

ポイント 遺伝子操作が行われていない受精卵クローンと異なり、体細胞クローンについては議論があります。

■ **解　説** ◆

クローンとは

　クローンは細胞又は生物から無性生殖的に増殖した生物のことで、体細胞クローンは、動物の体細胞を利用して元の動物と遺伝学的に同一な個体を新たに作製する技術です。植物の種子によらない増殖は挿し木などで昔から行われていますが、哺乳動物については、受精卵クローン（細胞分裂が進んだ受精卵を各細胞に分け、細胞の一つを別の卵子に核移植・細胞融合してクローンを作出）は1986年に羊で、体細胞クローン（皮膚や筋肉などの体細胞を培養し、卵子への核移植・細胞融合してクローンを作出）は1996年に羊で成功しました。この体細胞クローン羊が有名な「ドリー」です。その後、牛、馬等でも成功しています。

　人間については、日本では、人の尊厳、社会秩序の維持等に鑑みて、2000年制定の**ヒトに関するクローン技術等の規制に関する法律**で、人クローン胚等を人又は動物の胎内に移植することを禁止し（第3条）、違反者に10年以下の罰則、1千万円以下の罰金を科す（第16条）などの措置を定めました。

畜産の分野では、生産性や品質の向上を目的とした牛、豚などの家畜の改良を進めるために、人工授精、体外受精などの繁殖技術が実用化されてきています。その流れの先に、受精卵クローンによる優秀な個体の複製増殖があります。さらに、体細胞クローン技術も、優れた特徴をもつ家畜を生産する有効な手段の一つとして期待され、研究開発が進められてきました。

安全性等の議論

　消費者としての関心は、クローン技術由来食品が安全なのかということと市場に出回っているのかということでしょう。

　受精卵クローンは安全性に問題はないと考えられており、その根拠は、一卵性の双子や三つ子などを人工的につくる技術で、遺伝子操作は一切していないこと、一般の牛肉と同様にと畜の段階で検査が行われており、通常の牛とまったく差がないこと、国際的にもクローン牛が安全性に問題があるとの指摘がないことです。わが国内では、受精卵クローン牛が年間数十頭規模で食肉処理されているといわれ、農林水産省が「受精卵クローン牛」「Ｃビーフ」等の任意表示での流通・販売を関係機関に要請しています。受精卵クローン牛はアメリカ、カナダでは一般農家においても使用されており、これらの家畜から生産された食肉・生乳を一般市場に出荷することについて規制はなく、表示義務もありません。当然のことながら、日本に輸入される食肉・乳製品にも含まれていることになります。

　体細胞クローン家畜由来食品の安全性については、各国で議論されてきました。日本では2008年4月、**食品安全基本法**の規定に基づき、厚生労働省が食品安全委員会に食品健康影響評価を依頼したこ

とから、同委員会は、新開発食品専門調査会にワーキンググループを設置し、最新の科学的知見に基づき審議しました。「従来の繁殖技術による牛及び豚に由来する食品と比較して、同等の安全性を有すると考えられる。……リスク管理機関においては、安全性に関する知見について、引き続き収集することが必要である」との評価結果を2009年6月公表しました。これを受け、農林水産省は、現行の技術水準が商業生産への利用は見込まれない状況であり、研究機関に対し、クローン家畜の飼養頭数の変更等を農林水産省に報告し、生産物は研究機関内で適切に処分すること等を内容とする通知を発するとともに、国民に対する情報提供を行っていく等の方針を発表しました。

各国の事情

アメリカでは、FDAが、2008年1月に、「牛、豚、山羊は、従来の方法で繁殖された家畜に由来する食品と同様に安全である」とするリスク評価結果を公表したのを受け、米国農務省は、クローン動物由来の食肉・生乳の販売の容易化に努めるとする一方、体細胞クローン技術利用者に対して、食肉市場等が体細胞クローン技術を受け入れられるようになるまでは、自主的な流通自粛の継続を呼び掛けました。また、リスク評価機関であるとともに、リスク管理機関でもあるFDAは、牛、豚、山羊のクローンとその後代に由来する食品に表示を求めておらず、また、これらから生殖により再生産された食肉・生乳が市場に流通することを想定しています。

他方、EUでは、欧州食品安全機関（EFSA）が、欧州委員会からの要請に基づき、2008年7月に、情報は限られるとしつつ、「従来

の繁殖によるものと比べて、食品安全上、違いがあるとは認められない」とする科学的意見を採択し、さらに、2009年7月には、2008年の意見をふまえた声明を公表しました。また、欧州科学新技術倫理グループが、2008年1月に、「食料供給のためのクローン動物が倫理的に正当化されるかどうかには疑義がある」とし、クローン動物由来の食品が導入されるために必要となる将来的なアクションを特定しました。このように、EUでは倫理問題も議論されているところであり、クローン技術の有用性とあらゆるリスクを比較考量していくものと考えられます。

　日本においては、将来有望な生命分野の技術研究を進めつつ、他方で、たとえ、安全性が確認されたとしても、体細胞クローン由来の食品は食べたくないと思っている消費者への選択の自由をできるだけ確保できる情報開示のあり方や表示について、引き続き議論していく必要があります。

Q10 育成者権と特許権の関係はどうなっていますか

ポイント　それぞれ固有の領域がありますが、重複する部分もあり、専門的に事例ごとに議論する必要があります。

解　説

　1978年改正**UPOV条約**では、育成者権を特別の保護制度か又は特許法かいずれか一つの方式で保護することを求めていましたが、1991年改正条約では、どちらの方式か又は二重の保護か、各国の選択に委ねられています。アメリカでは、植物特許法、植物品種保護法、特許法により植物の新品種を保護しており、こうした国の加入を容易にするために改正されたものです。

　アメリカでは現在、旧来の技術で育成された品種は植物特許法と植物品種保護法による保護、遺伝子工学等の技術で育成された植物は特許法による保護を選択することが多いといわれています。

　品種保護の特別な制度を設ける国が多かったEUでは、1994年にEU植物品種規則が制定され、新品種育成者はEU品種権庁に登録することとなっていますが、遺伝子工学等の技術を利用するなど一定の要件を満たす包括的植物については特許制度による保護が行われているようです。

　日本においても、**種苗法**と**特許法**による保護が認められています。特許を得るためには、発明であって、産業上の利用可能性、新

規性、進歩性等の要件を満たす必要があります（**特許法**第29条）。交配等の従来の育種技術を用いてつくられた新品種は、特許発明を得ることはむずかしいです。他方、遺伝子組換え等のバイオテクノロジーを利用してつくられた植物の場合は、作出技術とともに、作出植物についても、特許要件を満たせば特許が付与されます。この場合、組換え遺伝子を含み、形質転換された植物一般として品種より上位での特許請求が行われるのが通例です。それぞれ固有の領域があるにしろ、重複も排除されないことから、相互の調整等については専門的な議論が行われています。

遺伝子特許とは何ですか

ポイント　要件を満たした遺伝子は、特許の対象となります。

解　説

　遺伝子とは4つの塩基から構成されるDNAであり、化学物質です。自然界に存在する生物から抽出・精製等により単離された化学物質は、抗菌作用等の機能が解明されれば特許の対象となるのと同様、DNAについても、人為的手段により取り出して機能を解明することにより特許の対象となるといわれていますが、この分野での技術開発が進むなかで、さまざまな議論が行われています。さらに、病気の治療に用いるといった用途を開発すれば、治療薬等として特許の対象となります。

　植物の遺伝子特許を獲得した例としては、植物が乾燥等の環境ストレスへの耐性を獲得するうえで重要な働きをするDREBと名づけた遺伝子の単離と機能の解明を行った研究があります。今後、この遺伝子を遺伝子組換え技術により、特定の植物に導入できれば、乾燥等の不良環境に強い、新しい品種を開発することが可能になります。

種子について何が問題ですか

種子の貿易実態を把握し、産業競争力を計測するのはむずかしいですが、食料戦略の観点から、日本の種子種苗生産が生き残り、世界市場で勝ち残れるようにすることが重要です。

解　説

　世界の種苗産業の市場規模はおおむね400億ドル、日本のそれは2千億から3千億円、世界の種子の輸出額約119億ドル、輸入額約112億ドル、日本の種子の輸出額1億2500万ドル、輸入額2億1800万ドルとのことです（参議院農林水産委員会調査室作成の種子法廃止法案参考資料）。

　日本の種苗産業は、野菜・花き等のハイブリット種で高い技術水準にあり、野菜を中心とする日本の大手種苗メーカーが、海外で増殖・採取した種子を日本にもってくる場合も輸入となり、また、外資企業が日本国内で増殖した種子を海外に販売する場合も輸出となること等を考えると、貿易データから、種子貿易の実態、種子ビジネスの実態を把握することはむずかしいといえます。また、種子の実質的な自給率を算出することも容易ではありません。

　中長期的な食料戦略の観点からは、官民一体となって、種子種苗を開発生産し、世界市場で勝ち残ることが、重要な課題です。企業情報等との関係でデータの公表はできないとしても、政府として

は、日本と世界の現状をできる限り正確に把握し分析するととも
に、研究開発の基盤づくりや効果的な支援を行っていく必要があり
ます。

遺伝資源に関する国際的議論とは何ですか

解　説

食料農業遺伝資源条約をめぐる議論

　植物の遺伝資源については、1983年、FAO総会で、植物遺伝資源は人類共通の財産との考え方に基づく「植物遺伝資源に関する国際的申し合わせ」が決議されました。しかしながら、1993年に発効した**生物多様性条約**で、各国は自国の遺伝資源に関して主権的権利を有すること、遺伝資源の利用から生じた利益を公平に配分することが規定されたことから、FAO申し合わせを**生物多様性条約**に整合化させるため、**食料農業遺伝資源条約**が2004年に発効しました。食料、農業の研究、育種等のために各国内に存在する遺伝資源にアクセスする多国間システムをつくり、遺伝資源の利用により商業上の利益を得た場合にはFAOに設けられた信託基金に金銭を払う等利益還元し、その資金を途上国の遺伝資源の保全に活用するというシステムとなっています。遺伝資源とは作物なのか遺伝子情報まで含むか、同条約と各国の知的財産法体系との関係はどうなのか等、基本的論点について、明確でない点が多かったことから、日本は採択時に棄権しましたが、2013年参加しました。この条約では、農民

の権利について、国内法令に従って農場で保存する種子等を利用、交換及び販売する権利を制限すると解釈されないものとするとの規定を有しています。

　この条約の枠組みでは、遺伝資源の維持、保存そのものに資するわけではないことから、第18条を根拠としつつ、独立の国際取決めに基づく世界作物多様性基金が設けられています。

生物多様性条約のもとでの議論

　日本が加入している**生物多様性条約**のもとでも、遺伝資源へのアクセスと利益配分（ABS）の議論が続けられてきました。

　この条約では、自国の遺伝資源に対する主権を認め、遺伝資源の利用から生じる利益の公正公平な配分について規定されたものの、ABSに関する具体的なルールが定められていないため、定期的に開催される締約国会議等において、議題の一つとして議論されてきました。遺伝資源へのアクセスが円滑に行える柔軟な仕組みづくりが先決であると主張する先進国、事前同意のない遺伝資源の国外への持出し防止や利益配分確保のため、法的拘束力ある枠組みをつくるべきと主張する途上国、それぞれの立場が厳しく対立してきましたが、2010年に名古屋市で開かれたCOP10において、**名古屋議定書**が採択され、2014年に発効しました。成立を優先して妥協が図られたことから、派生物の扱い、例外規定の適用範囲など、内容があいまいな部分が残されました。日本は、2017年に承認手続を完了し、共同告示を施行しました。

国際的議論をとりまく事情

遺伝資源のABS等が議論されるようになった背景は、すでに述べたように、遺伝子の解明等により、遺伝資源を活用した特許が取得され、ビジネスと結びついたためです。経済情勢の変化に伴い、知的財産権全般の保護強化が必要とされるに至ったものの、先進国と途上国との対立が激しくなり、WIPOにおける既存の条約の改正作業による知的財産制度の国際的調和の実現は困難となり、URで行われた交渉の結果、WTOの**TRIPs協定**が成立したといわれています。1993年**生物多様性条約**発効、1994年UR終結、2004年**食料農業遺伝資源条約**発効という時系列になります。2000年以降、WTOの**TRIPs協定**関連会合やWIPOにおいて、**生物多様性条約**に関する議論と呼応するかたちでの議論が行われてきました。

それぞれの目的と固有領域を有する国際機関ですが、重なり合う分野も少なくなく、国際的な議論が錯綜することも多いのです。また、日本国内の事情についていえば、遺伝資源の議論に限ったことではありませんが、国際機関ごとに担当省庁が異なるため、全体像の把握がむずかしく、調整もむずかしい。政府として、統一的な方針のもとで、各省が連携して、議論される国際機関が異なる場合にも、統一的な日本の立場を明確にしていくことが一層重要となっています。

あとがき

食に関して、国民のために働きたいとの思いで、行政官を長く続けてきた者として、いまだに十分消化しきれていない課題も気になっています。それは、農業者が十分な所得を得るために、農産物の高品質化・高付加価値化を目指し、海外マーケットをもターゲットとする一方で、所得が伸び悩む家計消費において、生鮮食品等購入の負担が、低中所得層を中心に増しているという現実です。

かつて働いたFAOやWFPといった食料農業関係の国際機関で、各国の外交官、農務官と、農業や食料の規範づくりの議論に加え、開発途上国の食料問題等も議論しました。当時は、先進国内の食の貧困などを議論することは、ほとんどありませんでした。ところが、いまや、先進国内での食の貧困、食の格差、フードディバイドが、注意すべき課題になりつつあると個人的には感じています。高級グルメがもてはやされる一方で、低所得層は、生鮮野菜等の摂取が相対的に少なく、カロリーをとることが優先され、また、エンゲル係数も上昇しています。所得格差、食格差は健康格差にもつながりかねない状況になっています。今後、こうしたことについても、発信していきたいと考えているところです。

最後に、この本を出版することにご尽力くださった上山一知弁護士、株式会社きんざい田島正一郎出版部長には、心より感謝申し上げます。田島部長には、農業食料の法律や制度にあまりなじみのない読者に向けて、どのようにすれば、わかりやすい内容になるか、根気強く、さまざまなアドバイスを頂戴いたしました。

〔著者略歴〕

井上　龍子（いのうえ　りゅうこ）

東京生まれ、東京大学法学部卒、ワシントン大学（シアトル）法律大学院修士（LL.M.）、司法修習（第47期）

1981年農林水産省に入省し、畜産、国際交渉、水産、食品流通等担当の他、国土庁、運輸省、独立行政法人等出向。2003年FAO・WFPに対する日本国政府常駐代表（在イタリア日本国大使館公使）、2011年東北農政局次長。2017年農林水産技術会議事務局研究総務官を最後に農林水産省退官。

2017年弁護士登録（渥美坂井法律事務所・外国法共同事業）

食料農業の法と制度

2018年 6 月26日　第 1 刷発行

著　者　井　上　龍　子
発行者　小　田　　　徹
印刷所　三松堂印刷株式会社

〒160-8520　東京都新宿区南元町19
発　行　所　一般社団法人 金融財政事情研究会
企画・制作・販売　株式会社きんざい
出版部　TEL 03(3355)2251　FAX 03(3357)7416
販売受付　TEL 03(3358)2891　FAX 03(3358)0037
URL http://www.kinzai.jp/

ISBN978-4-322-13276-2

明治以降の主要な農政関係年表

西暦	日本	わが国の農業、農政の動き	日本と世界の動き
1868	明治元		明治維新
1881	14	農商務省設置	
1889	22		大日本帝国憲法発布
1893	26	農事試験場設置	
1894	27		日清戦争
1900	33	産業組合法	
1904	37		日露戦争
1914	大正3		第一次世界大戦
1921	10	米穀法	
1923	12	中央卸売市場法	関東大震災
1924	13	小作調整法	
1929	昭和4		世界恐慌
1930	5	農業恐慌	ロンドン軍縮会議、金解禁
1933	8	米穀統制法	
1939	14	米穀配給統制法	第二次世界大戦
1942	17	食糧管理法	
1945	20	農林省設置	ポツダム宣言受諾
1946	21	自作農創設特別措置法	公職追放令、日本国憲法公布
1947	22	農業協同組合法、農業災害補償法	
1948	23	農業改良助長法	
1950	25	植物防疫法	朝鮮戦争
1951	26	農業委員会法	
1952	27	食料増産5カ年計画、農地法	対日講和条約、日米安保条約発効
1953	28	農産物価格安定法	
1955	30		GATT加盟
1956	31	農林水産技術会議設置	科学技術庁設置、国連加盟
1960	35	生産者米価、生産費所得補償方式に	国民所得倍増計画
1961	36	農業基本法、畜産物価格安定法	
1964	39		IMF8条国移行、OECD加盟、東京オリンピック、ケネディラウンド
1965	40	加工原料乳不足払法	
1969	44	自主流通米制度、農業振興地域整備法	
1970	45		大阪万博
1973	48	アメリカ大豆等輸出規制	円ドル為替変動相場制、東京ラウンド